SHORT VIDEO

拍好短视频，
一部iPhone
就够了

—— 卷毛佟 ——— 著

策划
+
拍摄
+
剪辑
+
运营

人民邮电出版社
北 京

图书在版编目（CIP）数据

拍好短视频，一部iPhone就够了：策划+拍摄+剪辑+运营 / 卷毛佟著. -- 北京：人民邮电出版社，2022.3
ISBN 978-7-115-57251-6

Ⅰ. ①拍… Ⅱ. ①卷… Ⅲ. ①视频制作 Ⅳ. ①TN948.4

中国版本图书馆CIP数据核字(2021)第178439号

内 容 提 要

用手机拍摄和分享短视频已经成为很多人生活中必不可少的一部分，但如何拍出好玩有趣的短视频仍然是很多人面临的问题。卷毛佟是近年来网络上涌现出的优秀手机摄影师，本书是他悉心总结的手机短视频教程。全书共 7 章，分别讲解了手机的视频拍摄功能、手机拍摄短视频的辅助设备、简单易操作的手机拍摄技巧、运用手机进行短视频后期制作的方法、不同场景的手机拍摄思路、短视频的运营技巧及如何写好短视频脚本，旨在帮助手机短视频爱好者学习策划短视频、运用手机拍摄和剪辑短视频。

◆ 著　　　　　卷毛佟
　　责任编辑　宋媛媛
　　责任印制　陈　犇
◆ 人民邮电出版社出版发行　　北京市丰台区成寿寺路 11 号
　　邮编　100164　电子邮件　315@ptpress.com.cn
　　网址　https://www.ptpress.com.cn
　　北京九州迅驰传媒文化有限公司印刷
◆ 开本：690×970　1/16
　　印张：12　　　　　　　　　　2022 年 3 月第 1 版
　　字数：266 千字　　　　　　　2025 年 7 月北京第 8 次印刷

定价：69.00 元

读者服务热线：(010)81055296　印装质量热线：(010)81055316
反盗版热线：(010)81055315

（本书图片除特别标注外，均为作者卷毛佟提供。）

如何用一部手机，记录如此精彩的世界

　　在 5G 时代，如果说你还不会拍短视频，似乎有点跟不上时代的步伐了。2018 年，短视频爆发，经过两年多的发展，短视频已经成为重要的信息传播形式，而且逐渐成为很多人日常阅读最多的内容载体之一。短视频内容丰富，观赏效果佳，可以通过声音和画面同步传输信息。但是，现在仅仅看短视频已经不能满足大众的需求了，这个社会似乎在奖励会拍短视频的人。

　　短视频让很多普通人一夜成为"网红"，让很多短视频"达人"获得了更多的关注和认可，短视频创作者似乎成为一个红红火火的"职业"，这也就促使很多

人用短视频来记录生活、展示自我。

几年前，如果我们让一个人去拍一条视频，相信得到的回答大都会是："那是专业人士做的事情，我不会拍，也不会剪辑。"这种观念正是来自我们对视频行业的早期认知：拍摄视频需要专业的技能、昂贵的设备。这让很多人对拍视频望而却步。但是现在时代进步了，拍视频已经不再是只有专业人士才能做的事情，只需要一部手机，我们就可以完成视频的拍摄、剪辑、发布和传播。

我在 2018 年开通了抖音账号"卷毛佟"，一年的时间中，我制作发布了 200 多条短视频，而我拍摄和剪辑这些短视频只用了一部手机。在抖音平台上，我获得了 400 万"粉丝"的关注。我有一条最受欢迎的视频的播放量近 5000 万次，获得了 100 万"点赞"，帮助我涨"粉"120 万人。随之而来的是大量的咨询，"佟老师，如何用手机拍出好看的短视频？""如何用手机拍出高清的短视频？""能用手机剪辑短视频吗？"这一系列的问题让我从一个短视频创作者转型为一个短视频知识普及者。于是经过半年的打磨，我把自己拍摄、剪辑的经验和技巧制作成网络课程，通过系统的培训，让更多人学会了用简单的方式、简单的设备制作出优质的短视频。

从线上课程到线下课程，再到各种企业、景区都请我去做培训。这些企业、景区希望自己的每一位员工都能成为传播者，希望通过短视频的方式让更多人知道他们的产品，知道他们的特色。在培训的过程中，我遇到过很多具有不同身份的学习者，包括一线的保洁员、保安，以及管理几百人的企业管理者。他们都在兴致勃勃地学习、练习。对此我很感动，我很开心，通过自己的分享，更多人拿起了手机记录生活中美好的点滴、传播正能量。看到他们用手机拍摄出令人满意的短视频，脸上露出开心的笑容，我感到很欣慰、很自豪。

　　我还通过短视频的方式帮助了很多贫困地区做宣传。记得河南栾川的拨云岭有一个小山村，那里曾经非常贫困，连路都不通。村支书带领村子里的人到大山外学习手擀面的手艺，回到村里打造自己的特色手擀面。于是我在抖音发布了一条关于手擀面的短视频。这条短视频获得了 1000 多万次的播放量，约 10 万的"点赞"量。国庆节期间，很多住在拨云岭周围，看到了这个短视频的人都专门驱车前往拨云岭，

就是为了去尝尝当地的手擀面。后来我才知道，国庆节期间，拨云岭的一家农户，靠15元一碗的面条，收入了2万多元。这就是短视频的力量。

我的身份是手机摄影师、旅行博主，但我更希望做一名生活美学的传播者。我的第一本书《拿起手机，人人都是摄影师》，是教大家如何用手机把普通的生活场景拍得有诗意。这是我的第二本书，我希望让更多热爱生活的人用手机就能拍出优质的短视频，记录多姿多彩的生活。

我们都说"机会是留给有准备的人的"。短视频的时代已经到来，如果你还不会拍短视频，那机会就只能留给已经准备好的人。用一部手机就能记录精彩的世界，你准备好了吗？

我写这本书花了5个月的时间，我一直在思考如何把复杂的专业术语，用最"接地气"、最简单的方式表达出来，让更多零基础的短视频爱好者也能看得懂、学得会。技术决定下限，审美决定上限，其实技术不难学会，难的是你要知道什么是好、什么是不好。本书采用了保姆式的教学方式，手把手地教你短视频的策划、拍摄、剪辑。书中还搭配了短视频实景教学案例，用图文搭配视频的形式，让你快速掌握短视频拍摄技巧。要想把别人的知识转化成自己的技能，唯有通过实操实践，才能真正地实现。

如果你已经迫不及待地想要拍摄短视频了，那就跟着我一起来学习吧。

目录
Contents

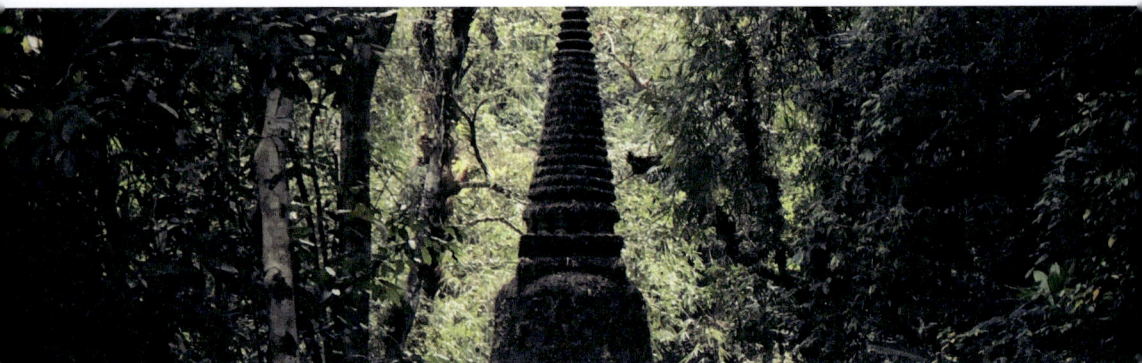

第六章
短视频运营技巧，从小白到高手

第七章
如何写好短视频脚本？

第一章

苹果手机的这些拍摄功能你都会用吗？ Chapter One

你了解手机自带的视频拍摄功能吗？

近几年，各大手机厂商都在摄像头上下了很多功夫，但大多数人更多关注的是拍照功能，对视频拍摄功能的优化关注得似乎并不是很多。手机不停地升级和优化，就没有在视频拍摄功能上下功夫吗？

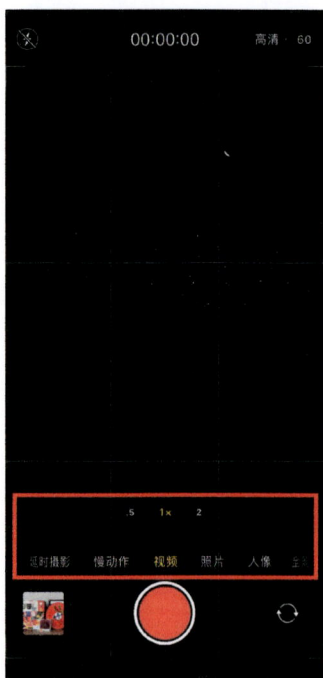

◀图1.1

当然不是。现在的手机常规的3种视频拍摄功能分别是"视频""慢动作"和"延时摄影"。大部分手机都有这3种功能。虽然只有3种功能，但是我问过很多人，大多数人都不会全都用到，最多就是使用最基础的视频功能。延时摄影和慢动作功能甚至很多人不知道怎么用，也找不到用的场合。随着短视频的发展，人们都想拍短视频，但是拍短视频比拍照难，没有系统学习过的人似乎无从下手。

手机不断地升级，其在视频拍摄功能上都有哪些提升呢？

像素

第一个也是最直观的提升点就是像素的提升，视频的分辨率从720p提升到1080p，然后到4K。像素的提升包括摄像头数量的增加，现在的手机大多配备了2～4个摄像头，比如苹果手机，有的机型有1个摄像头，有的有2个摄像头，有的机型则有3个摄像头。每个摄像头的功能不同，比如有广角镜头、超广角镜头、人像镜头等。安卓手机的每个摄像头的像素是不同的，但是苹果手机（iPhone 11以后的机型）的所有摄像头均为1200万像素，而且全部支持拍摄分辨率为4K的视频。这样能够保证我们拍摄不同素材的视频时能得到分辨率相同的视频。

▲ 图1.2
iPhone 12 Pro的摄像头

除了后置摄像头，前置摄像头的拍摄性能也提升了很多。我们都知道，前置摄像头的像素往往较低，但是在短视频时代，人们在自拍、直播时大多使用的都是前置摄像头，所以对前置摄像头的像素要求也较高。

防抖

第二个提升点是加入了防抖功能。我们在拍视频时都可能遇到一个严重的问题，那就是"手抖"。因为拍视频不同于拍照，按照按下快门，瞬间定格，而拍视频需要拍摄较长时间，如果边拍边移动，就很可能出现"视频抖动"的问题。同时，大部分视频是用手机观看的，手机屏幕很小，看上去视频就会更"抖"，这会降低观感，让人看起来很晕。

大部分人都没有经过系统的学习和练习，在拍视频的时候难免无法控制手机的稳定性，所以手机厂商就在相机的性能上升级，增加了"防抖"功能。苹果手机（iPhone 11以后的机型）的防抖功能是默认开启的，无法手动选择，手机会通过算法提高视频的稳定性。比如iPhone 12 Pro Max在视频功能方面重点加强了防抖效果，使用行业内首创的"传感器位移式光学图像防抖功能"，通过传感器的位移来抵消拍视频时手机的抖动，从而提高画面的稳定性。这是在单反相机中才会用到的技术，苹果首次把它移植到了手机中。

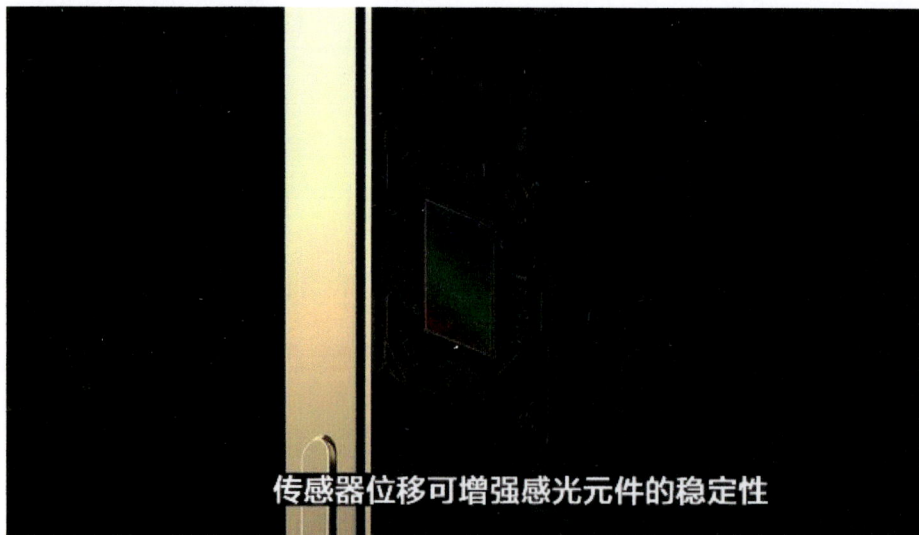

传感器位移可增强感光元件的稳定性

▲ 图1.3

但是要注意的是，"防抖"功能只能小幅度地降低抖动效果，并不能完全消除抖动，特别是大幅度的抖动，如拍摄运动视频，这时就需要用稳定器等辅助设备来"防抖"，在第二章中我会具体讲解。

参数

第三个提升点就是关于视频的一些参数的提升，比如感光度、4K延时摄影、光圈、夜景降噪，这些功能让手机在特殊场景下能够拍摄出质量更好的视频。以光圈为例，iPhone 12系列最大支持f/1.6的光圈。光圈越大，镜头的进光量越多，画面的清晰度就越高。特别是在夜间拍摄时，进光量的增加对于夜景的画面质感的提升效果非常明显。

▲ 图1.4
iPhone 12 Pro宣传片中的夜景视频样片。

iPhone 12 Pro的摄像头能够拍摄有杜比视界效果的视频。杜比视界是一种电影后期调色技术，苹果手机把该技术应用到了手机上，让用户能拍摄出质量更好的具有电影质感的视频。

后期剪辑

第四个提升点是后期剪辑功能的提升。一个完整的视频需要通过后期剪辑对前期拍摄的素材进行拼接、裁剪、调色、添加色调。后期剪辑是不可缺少的步骤，大部分的后期剪辑都需要借助第三方软件完成。

▲图1.5

　　苹果手机自iPhone 11之后，在视频剪辑功能上也做了很大的提升，比如滤镜、参数调节、裁剪、矫正等功能，都可以直接在相册中进行编辑。目前安卓手机还达不到在相册中，直接对视频进行复杂的后期编辑。这就降低了普通人剪辑视频的难度。

苹果手机拍摄界面介绍

　　在我使用过的智能手机中，苹果手机的拍摄功能是最少的。很多人都不知道这些功能的作用，也不会使用。接下来，我简单地给大家介绍一下苹果手机的各个拍摄功能。工欲善其事，必先利其器。我们一定要了解自己的手机，这样才能拍出好的视频作品。

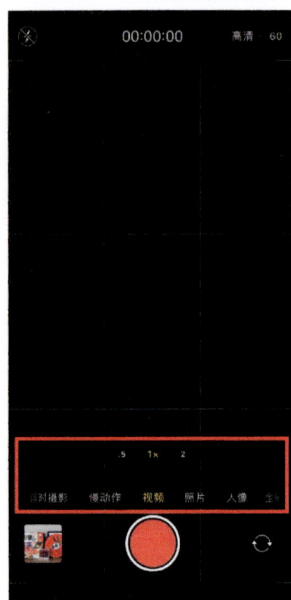
▲图1.6

图1.6是打开iPhone 12 Pro相机时的界面,用方框框起来的部分就是苹果手机的全部拍摄功能。虽然功能数量少,但是每个功能的使用频率都比较高。每个功能的具体作用如下。

"延时摄影":这是拍摄视频的一个功能,可以使视频加速,我们可以将其理解为"快动作"。

"慢动作":跟延时摄影刚好相反,这个功能会使视频的速度变慢,这种效果在电影电视中经常出现。

"视频":录制视频的功能,也是本书主要讲解的功能。

"照片":是相机中拍照片的功能,是最常用的功能之一。

"人像":适用于拍摄人物,相机可以识别出人物轮廓,虚化背景,但是如果拍摄很复杂的主体,且主体的轮廓不规则,相机可能就识别得不是很精准。

"全景":指在拍摄过程中,用户可以从左向右,或者从右向左拍摄场景非常宽广的长图,该功能适用于拍摄户外风光、多人合影。

文字上方的".5""1x""2"这3个数字是变焦系数,点击".5"会开启超广角镜头,"1x"对应的是主摄广角镜头,"2"对应的是长焦人像镜头(iPhone 12 Pro Max的长焦人像镜头对应的参数为"2.5")。

在屏幕的上方,如图1.7所示,左侧为"闪光灯",用户可以选择自动、手动打开,或不打开。右侧为"分辨率"和"帧数",直接点击"高清"可以把分辨率切换为4K,直接点击"60"可以把帧数切换成30。关于分辨率和帧数的内容,我会在下一节进行详细的介绍。

屏幕的左下方是相册入口,红色按钮为快门,右侧的循环箭头为切换前置后置摄像头的按钮。

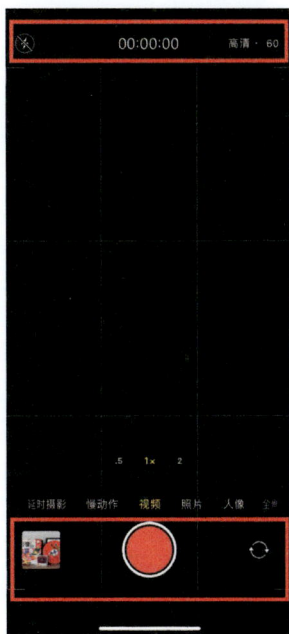

◀图1.7

017

苹果手机录像功能介绍

苹果手机只有3个录像功能，前文已经提到过，分别是"视频""慢动作""延时摄影"。

"视频"就是我们日常拍摄视频时使用的功能。"视频"界面中并没有太多的功能，用户只能对分辨率、帧数和闪光灯等进行设置。

在图1.8中，屏幕中的黄色方框是"对焦框"，手动点击屏幕中的任意位置，都会出现这个黄色方框，这个位置就是画面中最清晰的位置，所以我们在拍摄的时候，要先找到画面中你希望拍得最清晰的位置，然后点击屏幕，开始拍摄，这样就能保证视频中主体的清晰度。

在方框的旁边有一个小太阳图标，上下滑动这个图标可以调整画面的曝光。向上滑动增加曝光，画面会越来越亮；向下滑动降低曝光，画面会越来越暗。比如在光线非常充足的地方，拍摄的时候可能会过曝，也就是画面太亮了，就可以适当降低曝光，以保证画面的明暗对比正常。与之相反，在光线不足的地方，可以适当增加曝光，提高画面亮度。

"慢动作"，顾名思义就是用来降低视频速度的，苹果手机可以选择慢动作的倍数有120fps和240fps，点击界面右上角可以选择不同的参数。视频的时长不受限制，但是慢动作不需要拍摄太长时间，比如选择8倍速度，如果你拍摄1分钟，得到的就是8分钟的视频，我们一般用不了这么长的素材，所以用"慢动作"功能拍摄几秒或者十几秒即可。

▲ 图1.8

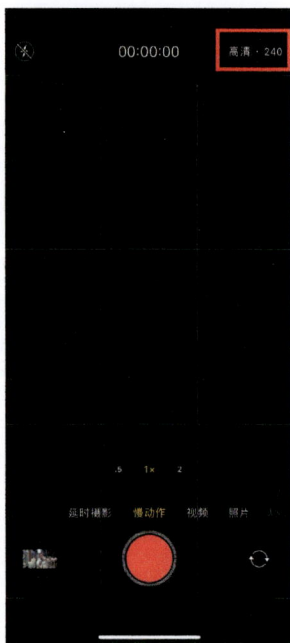

▲ 图1.9

"延时摄影"是加快视频速度的功能,其跟慢动作刚好相反,操作起来很简单,视频加快的倍数是15倍,比如拍摄1分钟,最终得到的视频只有4秒钟。延时摄影的视频加快的倍数是固定的,分辨率和帧数也是固定的,对焦和调整曝光的方法也与正常拍摄视频一样。

在第三章我会讲到使用"延时摄影"功能拍摄的方法。在"延时摄影"界面中,只有变焦这一个功能。图1.10为iPhone 11 Pro"延时摄影"的界面。

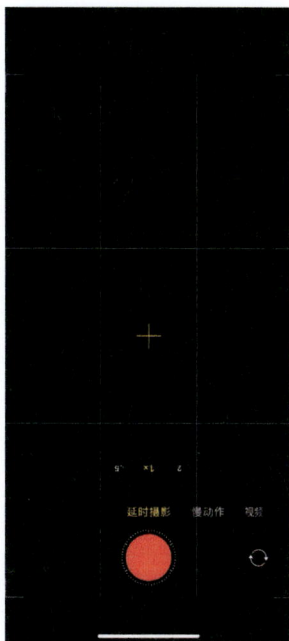

▲ 图1.10

图1.11所示为iPhone 12 Pro Max的"延时摄影"界面,与iPhone 11系列的"延时摄影"界面相比,其界面上方有一个倒三角符号,点击该符号,屏幕下方会出现"曝光参数"的调整条,用户在这里可以调整画面的曝光度,这跟前文所讲的点击滑动对焦点旁边的小太阳图标的效果是一样的。

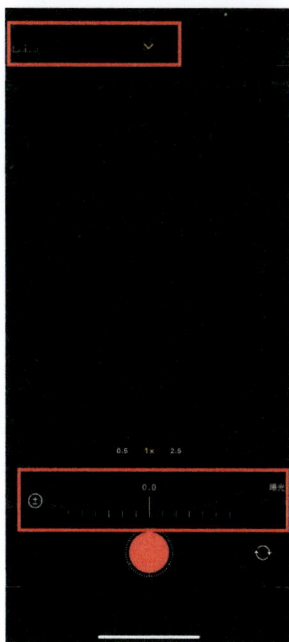

▲ 图1.11

视频剪辑

iPhone 11以后的苹果手机机型升级iOS 13系统以后，针对手机拍摄的视频增加了后期编辑功能。在早期，手机自带的功能只能对照片进行后期编辑，无法对视频进行处理，但是在更新了iOS 13系统之后，所有的后期编辑功能可以同步使用在照片和视频中，如图1.12所示。

这个功能的好处就是能让我们在不下载任何第三方App的情况下，也能轻松地进行视频的后期剪辑，但是这个功能只包括基础的剪辑、调色、二次构图、以及一些参数的调整，无法给视频增加更多的效果，比如音乐、字幕、特效等。

我已经给大家详细地介绍了手机视频拍摄功能的具体使用方法，苹果手机的型号虽然很多，但具体操作起来的差别不大。在拍摄之前，我们要了解自己的手机有哪些功能，能实现哪些效果，这样才能让这些功能在拍摄的时候起到锦上添花的作用，否则就是用着最新款的手机，却只会用最原始的功能。

▲ 图1.12

如何设置参数才能
拍出高清视频？

我经常会被问："为什么我拍的视频总是不清晰，是不是我的手机太便宜了？"其实并不是这样的。现在手机的分辨率越来越高，像素也越来越高，之所以拍摄的视频不清晰是因为很多人不会正确使用手机。不同型号的手机之间的功能差异不是特别大，但是不同的人对手机功能的理解和应用相差甚远。

有的人用着最新款的手机，却拍着最模糊的视频和照片。所以，当你拿起手机的时候，要先了解它有什么功能，虽然现在的智能手机都是自动设置的，但是你也要根据自己的需求手动进行一些参数的调整。保证视频清晰的一个基本要求就是设置好分辨率和帧数。

分辨率到底是什么意思？

大家买手机的时候会发现，大部分品牌的广告都在强调自己手机的分辨率高或像素高，但是很多人并不知道这是什么意思。拍摄高清照片、视频的前提是设置好分辨率。

把一张照片放大之后会发现，画面是由很多带有不同颜色的"小方块"组成的，这些小方块就是我们常说的"像素"，而画面中横向和纵向的像素数量的乘积就是分辨率。

▶ 图1.13

021

分辨率可以分为显示分辨率与图像分辨率两类。

显示分辨率（也叫屏幕分辨率）是屏幕显示图像的精密度，是指显示器所能显示的像素。由于屏幕上的点、线和面都是由像素组成的，显示器能显示的像素越多，画面就越精细，同样的屏幕区域内，像素越多能显示出的信息就越多。比如尺寸相同的手机，屏幕分辨率高的，在看视频时，画面就会更加细腻、更加流畅。因为屏幕的分辨率高、像素高就可以展现出更多的信息。

图像分辨率指图像中存储的信息量，是指每英寸（1英寸≈2.54厘米）图像内有多少个像素点。分辨率的单位为PPI（Pixels Per Inch），通常叫作"像素每英寸"。每英寸图像里含有的像素点越多，那么画面呈现出来的效果就越细腻，且即使放大、裁剪图像，也能得到相对清晰的画面效果。我们看图1.14中的两张对比图，就可以感受到不同分辨率之间的差异。

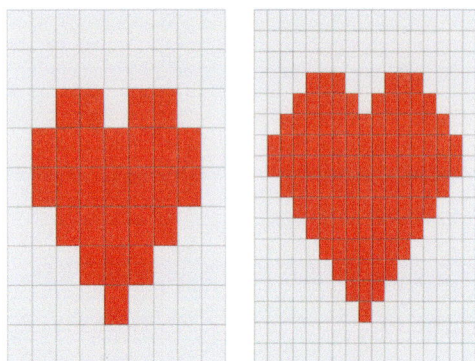

▲ 图1.14

通过这个模拟图示可以看出，同样的尺寸内，每个"小方块"代表一个像素点。左图由81个像素点组成，分辨率为9×9=81PPI。右图由289个像素点组成，分辨率为17×17=289PPI。对比两个心形，右图中的心形的边缘更加平滑、整体更加细腻，这就是分辨率不同给画面带来的差异。

▲ 图1.15

在苹果手机中，视频的分辨率可设置为720p、1080p、4K。分辨率是指一张照片或者视频画面中的像素点的数量，比如选择1080p的分辨率拍摄视频，那么画面上就会有1920x1080个像素点；如果选择4K的分辨率拍摄视频，那画面上就会有4096x2160个像素点。试想一下，在同一个手机上看两个分辨率不同的视频，分辨率为4K的视频肯定更加清晰和细腻，细节也会更丰富，因为其画面中的像素点更多。所以我们要记住，分辨率越高，视频就越清晰。但是分辨率越高，视频占用的手机内存也越多。因此，我们要想为视频设置较高的分辨率，手机内存得足够大。

720p　　　　　　　　　1080p　　　　　　　　　4K

▲ 图1.16

　　图1.16所示是在同样的地点，用同样的手机，分别用720p、1080p和4K这3个不同的分辨率拍摄的3个视频的截图。在当前情况下我们可能看不出太大差别，但是放大图片后仔细看楼房边缘的细致程度，就能发现有很大的差异，如图1.17所示。分辨率为720p的图片没有分辨率为1080p的图片清晰，分辨率为1080p的图片没有分辨率为4K的图片清晰，尤其是在大屏幕上播放这3个视频时，对比效果会更加明显。

720p　　　　　　　　　1080p　　　　　　　　　4K

▲ 图1.17

如何选择分辨率？

常见的分辨率一般有480p（标清）、720p（高清）、1080p（全高清）、4K（超高清）这4种。现在手机的配置越来越高，用手机拍摄视频的分辨率最低都是720p。在一些短视频App上，要求上传的视频的分辨率高于720p。这样做是为了保证视频能够更加清晰，播放更加流畅，提高观众的观看体验。

分辨率不同，视频占用的内存也不同，在网络中播放的时候，对网速的要求也不同。那么我们应该如何选择分辨率呢？

720p是指高清效果，画面中包含1280×720个像素点。它是现在网络上最常见的分辨率，现在很少有手机会配置480p的分辨率选项了。使用该分辨率拍摄出来的视频不仅画面清晰、细腻，声音效果也较好，并且可以拍出有立体声效果的视频。

1080p是指全高清效果，画面中包含1920×1080个像素点。与720p相比，它的画面呈现效果更加优秀，清晰度、细腻程度更好。在手机内存允许的情况下，建议选择1080p的分辨率进行拍摄。使用1080p的分辨率拍摄的视频的视觉和听觉效果都更好。因为在将视频上传至某些App，或者在后期剪辑的时候，视频会被压缩，所以为了保证压缩后的画面依然清晰，使用1080p的分辨率进行拍摄是较佳的选择。

4K是指超高清效果，画面中包含4096×2160个像素点。虽然该分辨率下，视频的画质更好，但同时视频文件也会占用更多的手机内存。比如用苹果手机以1080p的分辨率拍摄1分钟的视频，视频文件最高占用90MB的内存，使用4K的分辨率拍摄1分钟的视频，视频文件最高能占用400MB的内存。所以在拍摄时尽量不要选择4K的分辨率，因为大部分的视频都是在手机上播放的，使用4K的分辨率拍摄出的视频画质、精细度在手机上也无法完全展示出来。

不同的手机应如何设置分辨率呢？因为手机型号太多，所以我给大家总结了一个规律。苹果手机设置步骤：设置—相机—录制视频—选择分辨率，如图1.18所示。

至于具体选择哪个分辨率，我首推1080p。使用1080p的分辨率，我们可以保证拍摄的视频在任何平台上播放时，画面清晰、声音效果良好，而且视频文件对手机内存的占用也比较合理。与其他分辨率相比，1080p的分辨率是较为合适的。

▲ 图1.18

苹果手机的设置步骤：设置—相机—录制视频—选择分辨率

帧数到底有什么用？

先看图1.19，分辨率后面的fps代表的就是帧数。经常有人问我，帧数是什么意思，那我们先来了解一下帧数的概念。

影像是由一张张连续的图片组成的，一张图片就是一帧。帧是影像动画中的最小单位，相当于电影胶片上的一格镜头。一帧就是一幅静止的画面，连续的帧就形成了动画、视频等。我们通常说的帧数，就是在1秒钟内传输的图片的数量，通常

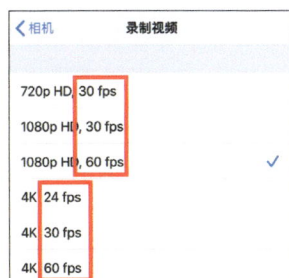

▲ 图1.19

用帧（Frames Per Second，fps）来表示。每一帧都是一幅静止的图像，快速连续地显示帧，便形成了图像运动起来的假象。帧数越多，影像所显示出来的动作就会越流畅，动作也就越逼真。

不知道大家小时候有没有玩过一个游戏，拿一个小本子在每一页画一个做不同动作的卡通形象，然后快速地翻动，静止的画面就形成了连续的动态效果，这就是动画和视频的形成原理，如图1.20所示。比如图1.19中显示的30fps的意思是，1秒能够连续播放30张静态的图片；60fps的意思是1秒钟能够连续播放60张静态的图片。

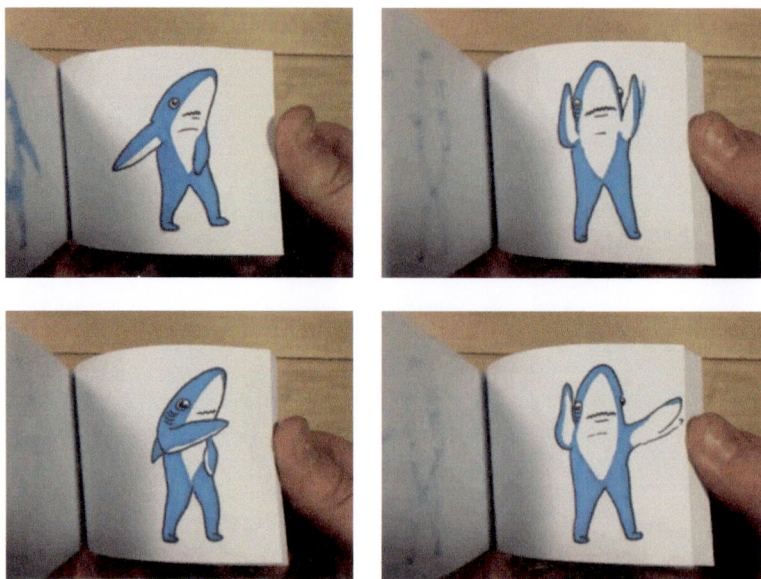

▲ 图1.20

　　为什么连续播放静态的图片就会形成连续的动态效果呢？这是因为当在1秒内连续播放超过10张静止的图片时，大脑就会判定它是一个连续的画面，所以早期电影的标准帧数都是12fps。

　　后来，人们为了提高电影的逼真度和观看时的舒适感，把电影的标准帧数由12fps提高至24fps，这样拍出来的电影在视觉效果上会更加逼真，画面中的人物动作会更加流畅。

　　导演彼得·杰克逊在2011年曾经说过："90多年来，我们一直采用24fps的帧数来拍摄和放映电影，不是因为它最好，而是因为它最便宜！采用48fps的帧数拍摄和放映的好处是，画面的播放速度看起来不仅是正常的，而且画面的流畅度和动作的清晰度都大大提高了。我们看帧数为24fps的电影也许觉得还行，但其实这样的电影中的每一帧都有缺陷，尤其是在快速运动的镜头中。如果电影镜头快速摇移，图像就会抖动、顿挫或者闪烁。"

　　所以他在拍摄《霍比特人》时使用了48fps的帧数，但是看了帧数为48fps的电影后，部分观众抱怨道："太没有电影感了。"但他们中的很多人也承认，这的确比帧数为24fps的电影看起来更流畅、更舒服。《霍比特人》并没有成功地让电影使用更高的帧数，但是詹姆斯·卡梅隆已经确认《阿凡达2》是用48fps拍摄的，因为他觉得只有帧数更高，才能让观众更好、更流畅地体验3D效果。而李安导演，威尔·史密斯主演的《双子杀手》是用120fps的帧数来拍摄的，看过这部电影的人应该能感受到3D技术配上高帧数带来的逼真效果。

但是在电影院电影是使用幕布来播放的,如果我们用电脑、电视或者手机来播放电影,24fps的帧数可能会让电影变得卡顿。因为电子显示器长时间使用后会发热,同时功率也会下降。现在在电脑上或者手机上观看的视频的帧数一般保持在50~60fps。那这些对于我们拍视频来说有什么用?比如我们选择1080p的分辨率、60fps的帧数拍摄,画面的流畅度就会比帧数为30fps的更高,因为它1秒钟能够播放60张连续的图片。如果手机内存够大,拍摄时应尽量选择高帧数,以保证画面更流畅。

▲ 图1.21

拍视频应该如何选择帧数?

对手机来说,因为受到图片处理能力和存储能力的影响,大多数手机拍摄视频时的帧数(无论分辨率是720p还是1080p)都会默认为30fps,而且部分型号的安卓手机没有选择帧数的功能,只能使用默认帧数。有的安卓手机如果选择高帧数,比如选择60fps进行拍摄,那么一些特效、美颜等就无法使用了。再或者选择4K的分辨率进行拍摄,就无法选择帧数,只能使用默认的30fps,如图1.22所示。

苹果手机的优势是,无论使用哪个镜头都可以拍摄分辨率为4K、帧数为60fps的高清视频。

▲ 图1.22

使用高帧数拍摄的视频除了看上去流畅以外，还有什么好处呢？我们在看视频、看电影的时候，经常会看到一些慢动作的镜头，如果要专门拍摄慢动作，需要使用专门的慢动作功能。那如果有一些镜头并没有提前想好需要拍摄慢动作，但是后期播放的时候想以慢动作的形式播放该怎么办呢？

这时候高帧数的优势就凸显出来了。如果视频是用30fps的帧数拍摄的，把视频播放速度放慢50%，就相当于视频是用15fps的。在这种情况下，虽然画面也是连贯的，但看起来比较卡顿。如果视频是用60fps的帧数拍摄的，把视频播放速度放慢50%，就相当于视频是用30fps的。从观赏效果上看，肯定高帧数拍摄的视频在放慢播放速度后的效果会更流畅、细腻。高速录像能拍摄到很多我们容易忽略的细节和精彩的瞬间，使用慢动作功能播放视频，还会让视频更好玩、更有趣，这就是为什么越来越多的手机厂商开始注重手机的高速录像功能。

所以在用正常速度拍摄视频时，建议选择60fps的帧数，这样在后期剪辑时可调整的空间会更大一些。

除了以正常速度拍摄时可以选择帧数外，在拍摄慢动作视频的时候也可以选择帧数。苹果手机可以选择120fps、240fps，如图1.23所示。

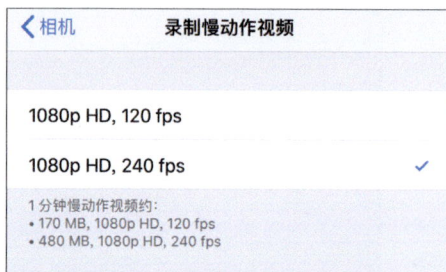

▲ 图1.23

为什么拍摄慢动作的帧数这么高呢？

使用慢动作功能拍摄的视频会自动生成慢动作效果。比如，以120fps的帧数拍摄视频，如果拍摄1秒钟，成品视频就是4秒钟，视频速度放慢至原来速度的25%，实际帧数就变成了30fps，这是手机拍摄视频的最低帧数，这样就能保证即使视频速度放慢了，画面依然能保持流畅的效果。如果用30fps的帧数拍摄慢动作视频，视频速度放慢至原来速度的25%，那么实际帧数大约只有7fps，这个时候视频就会出现不连贯、卡顿等现象。

所以视频的帧数越高，细节越多。比如一只燕子每秒扇动翅膀的次数为20次左右，如果你想拍清楚它每次扇动翅膀的细节，就需要用高帧数来拍摄，如30fps；蜂鸟1秒钟扇动翅膀的次数为96次左右，如果你想拍清楚蜂鸟扇动翅膀的细节，就需要用更高的帧数来拍摄，如120fps。

使用手机拍摄慢动作视频时，我建议选择240fps的帧数，因为慢动作视频的拍摄时间不会很长，所以占用的内存并不多。高帧数在后期进行视频剪辑时会让你更加从容。

现在市面上绝大多数的手机都是可以设置分辨率和帧数这两个参数的，虽然手机的品牌很多，型号也各式各样，但随着人们拍摄意愿的增强，手机厂商也都在尽力提高手机的拍摄配置，尽量满足用户日常拍摄的需求。

带你解锁手机的隐藏功能
——锁定对焦

什么是锁定对焦？

现在的手机越来越智能，让人们在拍摄的时候变得越来越"懒"，过于依赖智能手机。因为手机太智能，在拍照或者拍视频的时候，大多数人都是直接选好拍摄场景，按下快门即可。如果拍摄环境是比较理想，如光线充足、场景简单、主体明确，拍摄的效果会比较好。但是如果环境复杂、光线变化不定、场景中运动的元素太多，比如在人群熙攘、车水马龙的环境中拍摄，我们会发现拍出来的视频有时候效果不是很好。特别是近距离拍摄时，我们会发现手机相机偶尔会自动变焦，使画面虚实变化频繁，看起来非常不舒服，拍摄的主体也无法清晰地展现出来。

在这个时候，我们可以使用锁定对焦的方式来保证画面的对焦稳定，不受环境的干扰，以确保拍出清晰度高的视频。锁定对焦是一个"隐藏功能"，不会直接显示在拍摄界面中。

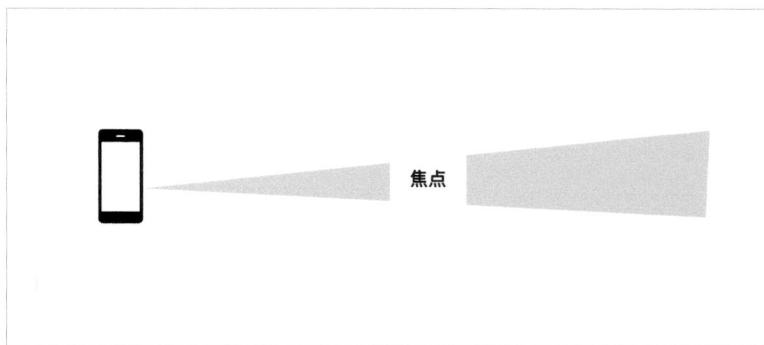

▲图1.24
锁定对焦就是在拍摄视频的过程中，把焦点固定在取景范围内的某个位置上，这样处于焦点位置的物体在画面中就一直是清晰的。同时，锁定对焦也会锁定曝光，画面的曝光度就不会自动改变。锁定对焦的操作比较简单，重要的是知道如何选择焦点。

苹果手机如何锁定对焦？

苹果手机锁定对焦的具体操作是，先点击一下屏幕使屏幕上出现黄色的方框，方框内的区域就是画面中最清晰的地方，然后长按屏幕约3秒钟，屏幕上方会出现提示语"自动曝光/自动对焦锁定"，此时对焦和曝光就已锁定，焦点就不会随意改变了。

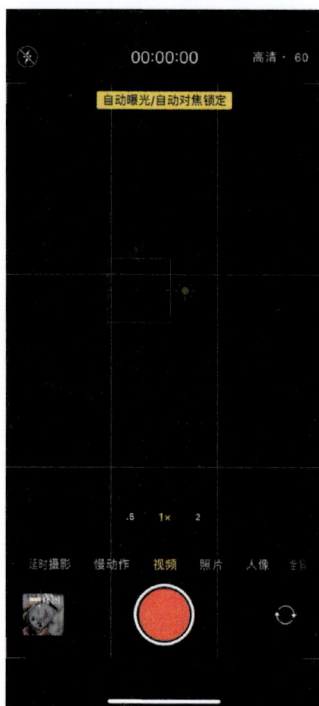

▲ 图1.25

锁定对焦在拍摄中如何应用？

前文讲过在变化复杂的场景里，使用手机拍摄视频会出现焦点改变或者无法准确对焦的情况，所以我们要使用锁定对焦的方法来解决这一问题。那么在不同的场景中，我们应该如何应用锁定对焦呢？

拍摄日出日落

当我们拍摄日出日落等场景时，拍摄日出的过程一般是太阳从地平线以下升到地平线以上，拍摄日落的过程一般是太阳从地平线以上落到地平线以下。日出日落差不多会持续半个小时。在这段时间内，光线不会特别亮，天边呈暖色调，我们能够看到天空颜色不断变化，特别是有云层遮挡的时候，拍摄效果更好。

▲ 图1.26

在拍摄这种场景的时候，因为太阳与我们的距离可以理解为是不变的，我们为了让太阳始终保持清晰，所以要对焦在最远端。最远端就是太阳正下方海平面的位置，即上图中黄色方框的位置，长按屏幕3秒锁定对焦。这个时候，即使海面有再多的变化，或者镜头前面有游客走过，也不会影响焦点处的景物在画面中的清晰程度。

在拍摄日出日落的时候，环境中最大的变化就是光线的变化。日出时，环境会越来越亮，日落时，环境会越来越暗。如果不锁定对焦，手机为了保证画面的清晰，会根据光线亮度来自动调整曝光度，这将影响最终的视频效果。所以，锁定对焦的好处就是能够帮助我们在同样的曝光度下记录场景的变化。

拍摄逆光物体

如果要在逆光环境里拍摄视频，也需要锁定对焦。比如在夕阳下的海边，要拍摄一个人跑动的视频，那在这个场景下，焦点就不能设置在最远端的海平面处了，因为此时拍摄的主体是人。如果这个人从取景框外跑进来，人离镜头更近，在画面中人更加突出，所以手机会自动识别跑动的人，将其作为主体。为了保证主体清晰，手机会自动提高曝光度，这个时候就无法拍摄出剪影效果了。

▲ 图1.27

在拍摄这种场景的时候，我们应该提前判断这个人会从什么位置跑过来，确定人与镜头之间的距离，提前做好准备。比如图1.28中的人沿着海岸线跑步，那我们可以提前固定好手机，先选择好焦点，对焦在海岸线的位置上。长按屏幕3秒锁定对焦后，适当降低曝光度，然后等人跑过来时进行拍摄。

▲图1.28

拍摄行人众多的场景

在行人众多的场景里拍摄时，如果单纯依靠手机的自动拍摄功能进行拍摄，手机的智能就会"失效"。因为在复杂多变的场景里，手机无法判断拍摄者的真实意图，所以经常会造成画面不停对焦、抖动的情况，特别是近距离拍摄时。

比如在一个车水马龙、人群熙攘的十字路口拍摄时，拍摄者需要提前选好焦点，再锁定对焦和曝光，以保证画面的稳定性，这样即使画面中的人在镜头前随意走动也不会影响最终的效果。当人走到提前锁定的焦点位置（这个位置一般是屏幕的中间位置，如图1.29所示）时，这里的场景就是最清晰的，这也是画面的核心位置，其余位置不够清晰，对整个画面的影响不大，而且焦点前后的区域模糊，也能很好地增强画面的空间感和层次感。

▲图1.29

第二章|

用好辅助设备，让 Chapter
拍摄事半功倍 Two

三脚架，
你需要的拍摄"神器"

我们之所以使用手机进行拍摄，主要是因为便利。因为人人都有手机，去哪儿都要带着手机，所以一看到好看的场景，人们可以拿出手机就拍，拍完就分享，便捷、高效而且出片率高。但是，如果想要增强拍摄效果和创造更多的拍摄可能，我们依然需要一些辅助设备。

为什么人人都需要一个三脚架？

随着人们拍摄水平和拍摄要求的提高，一部手机已经无法满足人们所有的拍摄需求了。比如拍摄一个简单的场景——在天桥上拍摄50分钟车水马龙的街道，如果没有辅助设备，用手举着手机一动不动地拍50分钟，相信没有几个人能坚持住，举手机的手肯定也会非常抖，所以我们需要想办法把手机固定好，以增强画面的稳定性；或者拍摄夜景时，如果能使用三脚架固定手机进行拍摄，就可以有效地提高画面的质量，因为大多数手机在拍摄夜景时，其画质都会大打折扣，如果手持手机拍摄，手的抖动还会对画质造成很大的影响。

三脚架是拍摄时被用得最多的辅助工具，如图2.1所示。虽然用手机拍摄是因为其便捷性，再带个三脚架就显得麻烦了，但无论是手机还是相机，要想拍出优质的视频都离不开三脚架。三脚架有以下3个功能。

▲ 图2.1

提高拍摄的稳定性

这个功能相信无须太多解释，大家都能理解。而且在拍摄长时间的延时摄影或近距离的慢动作视频时，都需要三脚架辅助。比如延时摄影可能需要一次性拍摄几十分钟甚至几个小时，如果没有三脚架，基本上是无法完成的。

提高构图的精准性

在拍摄复杂场景，或者想通过某种构图来突出画面焦点的时候，我们需要运用一些基本的构图技巧。因为手持手机必定会晃动，而且画面里的场景也会移动，所以经常会造成构图不精准等情况，影响成像质量。使用三脚架固定手机可以解放双手，也能提高构图的精准性。

严格控制景深

景深是指在聚焦完成后，焦点前后的范围内所呈现的清晰图像的距离，景深分为大景深（清晰范围比较大）和小景深（清晰范围比较小），如图2.2所示，其中深色表示画面中的清晰部分，浅色表示画面中的模糊部分。但是图2.2更可能是用相机拍摄的，因为手机的镜头基本都是定焦镜头，无法拍出这么明显的区别和效果。

手机在近距离拍摄时，也是能够拍出小景深的。但是如果手持手机进行拍摄，很可能无法对焦，或者因为手的抖动，很难把细节拍摄得很清楚。这个时候就需要使用三脚架来固定手机，以减少手机的晃动，控制好画面的景深。

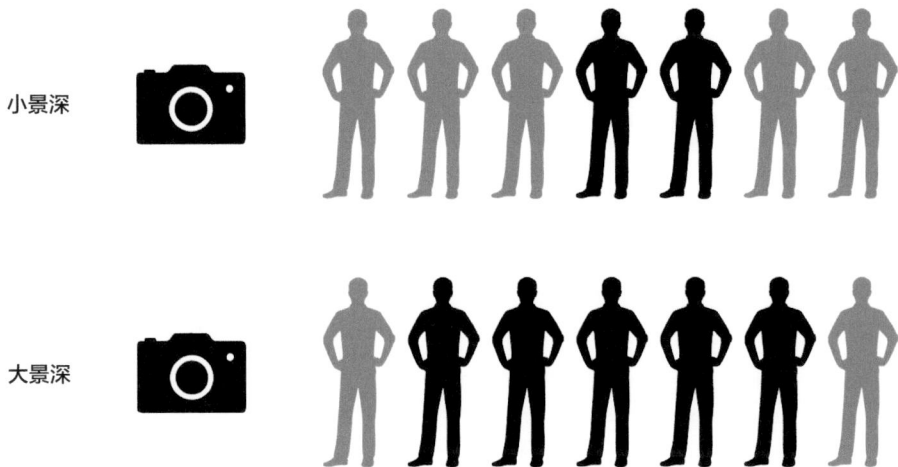

▲图2.2

035

三脚架的种类

三脚架因为被使用得最多，所以种类非常多。三脚架有的对不同机型、具有不同功能、由不同材质制成的多种类型，价格也从几十元到几千元不等。因为本书讲解的是手机拍摄，所以这里就给大家介绍一下适用于手机的三脚架。

桌面三脚架

桌面三脚架非常小巧，约为成人的一个手掌大小，如图2.3所示，个别品牌的桌面三脚架的3条腿可以伸缩，长度可增加一倍。它的特点就是小巧、轻便，适用于自拍，室内场景或者一些小场景的拍摄，如拍摄在桌面上进行的操作——画画、手工、书法等。

但是桌面三脚架会受到场地的限制，比如在户外，若没有平坦的地方，桌面三脚架就无法使用。而且在户外，如果把桌面三脚架放在地面上拍摄，拍摄的角度会比较低，不易操作。

▲图2.3

伸缩三脚架

伸缩三脚架是最常见的一种三脚架，它的3条腿可以伸缩，长度从几十厘米到一米多不等，如图2.4所示。与桌面三脚架相比，它的体积更大，收缩到最小尺寸时，其体积可以达到一个矿泉水瓶的大小。因为材质不同，所以不同的伸缩三脚架的重量差异比较大，但是伸缩三脚架也在逐步轻量化。比如铝合金材质的伸缩三脚架价格较低、较稳定，在户外拍摄时即便有风，脚架也不会晃动。当然其缺点也明显，那就是重！碳纤维材质的伸缩三脚架轻便，缺点是价格较高。因为自重很轻，碳纤维材质的伸缩三脚架的稳定性也较差，在拍摄的时候，需要在脚架下方挂一个摄影包来配重，以提高稳定性。

伸缩三脚架是用得最多的一种三脚架，因为它适用的范围和场景比较多，高度适中，使用起来非常方便。

▲图2.4

八爪鱼三脚架

八爪鱼三脚架是一个适用范围非常广的工具，它略大于桌面三脚架，也很轻便。它的特点就是3条腿可以自由弯曲、随意变形，便于携带。它的3条腿包裹了橡胶或者海绵，以提高摩擦力。

在不同的场景应用八爪鱼三脚架时，虽然也会受制于它的高度，但是它有一个优势就是可以随意地固定在任何地方，比如树枝、栏杆等不平坦的地方，甚至石头上，因为它的3条腿是可以自由变形的。图2.5所示的场景，分别是栏杆和一个很窄的石台，用其他类型的三脚架是无法完成拍摄的，这种特殊场景让八爪鱼三脚架完美地发挥了作用。

▲图2.5

三脚架的选择

使用手机拍摄主要是因为操作起来便捷，所以选择三脚架时，要尽量选择便携性强的，否则就无法享受手机拍摄带来的乐趣了。

根据需求选择

如果你拍摄自然风光或者人物全景较多，建议你选择伸缩三脚架，因为它比较稳定，而且高度适中，便于操作。在拍人像的时候，它能够达到平视的高度，拍出来的人物会更加自然。

如果经常拍摄户外风景且地面不平坦，而你又想尽量轻便出行，或者拍摄室内场景比较多，建议你选择八爪鱼三脚架，因为它适用于多种场景，还便于携带。而且八爪鱼三脚架可以替代桌面三脚架。

如何选择云台？

云台是连接手机和三脚架的中间部件，三脚架固定之后无法移动，但是如果想从不同的角度拍摄该怎么办呢？这个时候就需要云台来调整拍摄角度了。

市面上的云台主要分为两种，一种是三维云台，另一种是球形云台，如图2.6所示。

三维云台的体形要大一些，操作起来会比较复杂和费时。其优势是稳定性更好，调节角度和构图时更加便捷，适合棚拍和拍摄车流夜景等活动性较少的场景。球形云台的承重能力虽然比三维云台差一点，但是球形云台的体积偏小，重要的是它的调节速度快。但球形云台由于调节起来不受限制，很难进行精准的调节，而且由于其构造的原因，其在稳定性上稍逊于三维云台，与三维云台相比也更易磨损。球形云台适用于拍摄鸟类或者体育运动场景，新手使用起来比较方便。

对于手机来说，球形云台更合适，因为三维云台的适应性弱，球形云台在各种三脚架上都适用。

三维云台　　　　　　　　　　　球形云台

▲图2.6

038

动手动脑，
自制手机固定器

利用手机进行拍摄可能会遇到很多随机的场景，比如在下班路上突然看到漂亮的夕阳，或者在旅游途中偶遇难得的美景，再或者与朋友聚餐时想拍下造型独特的美食。如果拍摄时身边没有三脚架等辅助工具应该怎么办？我们知道使用三脚架的目的是固定手机，提高画面的稳定性，因此我们可以尝试寻找身边可用的物体来固定手机。

寻找天然依靠点

把手机依靠在固定位置，就可以达到固定手机的效果，在户外或者在身边都可以轻易找到依靠点。图2.7所示是在海边拍摄雨后的云海，我没有带三脚架，因为在户外没有平坦的地面，于是我就用两块石头把手机夹住进行拍摄。

▲ 图2.7

使用这种方法的第一个要点是要寻找稳定的地方放手机，不要将手机放在地面会颤动的地方。把手机靠在天桥上看似很稳，但是当桥下经过大车，或者桥上有人群走动时，天桥会轻微颤动，这就会对画面的稳定性产生一定的影响。第二个要点就是要找避风的地方，防止风吹动手机。

使用纸杯制作固定器

拍美食如今已经成为我们生活中的一部分，无论是拍美食照片还是拍美食视频，我们在吃饭之前都是"让手机先吃"。拍摄美食的常用方法就是拿起手机对着菜品左边拍拍、右边拍拍。拍出的视频画面晃动，内容凌乱，没有任何美感，美食也失去了特色，所以我们可以使用一些运镜技巧来拍摄。如果拍摄者没有带三脚架或者其他辅助工具，可以找服务员要一个纸杯，自己动手用纸杯制作一个固定器。制作方法非常简单，即先把纸杯撕开，再把手机卡进去就可以了。

生活中有很多物品都可以用来制作固定器，我们要打开思路，使用其他物品固定手机的原理都是一样的。

▲ 图2.8

利用手机壳制作固定器

我们现在都会给手机套上手机壳，有的手机壳自带支架，如图2.9所示。这些带支架的手机壳就是一个固定器，但我们还要根据拍摄的需要来调整高度。

▲图2.9

但如果手机壳背后没有支架该怎么办？我们可以开动脑筋，利用手机壳制作一个固定器：把手机壳取下来，套在手机侧面，然后找一些东西填充手机壳，把手机固定好即可，如图2.10所示。

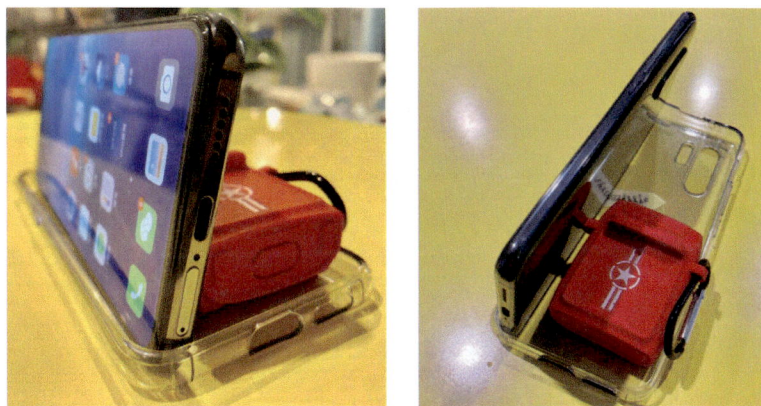

▲图2.10

利用燕尾夹制作固定器

如果要在家里或者办公室拍摄一些桌面场景，我们可以尝试使用燕尾夹来制作固定器。但是这种方法不一定适用于所有场景，因为燕尾夹能调整的角度和范围有限，所以我们根据自己的需求使用即可。我们可以使用一个燕尾夹直接夹住手机进行固定，但这种方法可能会导致手机碎屏，不建议使用。第二种方法就是使用两个甚至多个燕尾夹进行组合，以实现固定手机的目的，如图2.11所示。

◀图2.11
无论用何种工具，我们只要发挥创意，巧妙利用身边的物品，最终都可以实现保持视频的稳定性，解放双手的目的。

用好手机稳定器，
让视频"动"起来

一部小小的手机虽然能满足人们的大部分拍摄需求，但随着短视频的兴起，人们的需求逐渐增加，很多人希望用手机拍出具有电影质感的短视频，这就带动了手机拍摄辅助工具的发展。手机稳定器正是这几年随着短视频发展起来的手机拍摄辅助工具，各种手机稳定器品牌也如雨后春笋般涌现。使用手机稳定器能让人们拍摄的思路变得更开阔，也增加了拍摄的可能性。

什么是手机稳定器？

说起稳定器，专业人士一定知道斯坦尼康，它可以说是稳定器的鼻祖，一般用于电影拍摄，普通人应该很少听到这个词。电影拍摄对画面稳定性的要求特别高，毕竟大荧幕不同于手机小屏幕，大荧幕会放大视频中的每一次抖动，所以即使是轻微的震动，在大荧幕上看起来都会很明显。为了保证画面的稳定性，尤其是在地形复杂的场景，比如台阶、空间较小或者需要拐几个弯的环境中拍摄时，人们便发明了斯坦尼康。

这个"大家伙"并不是谁都能操控的，摄影师要把它固定在身上，如图2.12所示。斯坦尼康一般用于一些移动场景的拍摄。在拍摄过程中，即使摄影师不断地跑动、移动，也不会对画面造成影响，从而保证了画面的稳定性。

▲图2.12

首部使用斯坦尼康拍摄的电影《洛奇》，真正地让观众体会到了稳定器无可替代的固定画面的地位。稳定器在影视拍摄中的应用让稳定器大放异彩。经历了半个世纪的迭代更替，稳定器也已从斯坦尼康那般笨重昂贵的器材，转变成现今非常轻便的，并且人人都能购买得起的手机稳定器，如图2.13所示。

▲ 图2.13

短视频时代到来之后，商家也看到了民用级别手机稳定器市场的潜力，纷纷推出了适用于手机的稳定器。使用手机稳定器为什么能拍出稳定的画面呢？其原理在于稳定器有3个轴，如图2.14所示。拍摄时，手机重心位置会发生偏移，稳定器根据算法进行计算，并按照一定的控制量反向纠正重心位置的偏移，从而保证手机始终保持稳定的状态。所以无论是边走边拍还是边跑边拍，手机稳定器都能最大限度地保证视频画面的稳定性。

▲ 图2.14

手机稳定器轻便，便于携带，操作门槛也不高，现在已成了短视频爱好者的常用辅助工具之一。

手机稳定器的种类

手机稳定器的种类不多，不同品牌之间的差异也不大，而且衡量手机稳定器性能最重要的指标就是稳定效果。随着市场逐渐成熟，主流品牌的手机稳定器都能满足我们的日常拍摄需求，其间的细微差别主要体现在手机稳定器自带的功能上。

手机稳定器大致可以分为折叠款和非折叠款两种，主要差别在自身重量、大小及一些特色功能上。

非折叠款稳定器是常见的款式，如图2.15所示。现在90%的手机稳定器都是非折叠款。与折叠款稳定器相比，非折叠款稳定器的手柄比较大，握着更舒适，综合性能上也更丰富，拍摄效果更优质。还有一些品牌的非折叠款稳定器可以在拍摄的过程中给手机充电。

▲ 图2.15

折叠款稳定器折叠后，体积可以减小一半，大概只有手掌大小，便于携带，如图2.16所示。现在很多用户有拍摄的需求，但稳定器太大对于他们来说不方便操作，折叠款稳定器就不会存在这个问题，而且价格也相对便宜很多。但因为折叠款稳定器是简易款，所以用于拍摄的功能和3个轴的旋转角度会有一定的限制。用户应根据自己的需求选择手机稳定器的款式。

▲ 图2.16

手机稳定器的安装与使用

虽然手机稳定器的使用门槛不高，但是很多人都会卡在第一步，即无法安装手机进行调平。在使用手机稳定器时用户一定要按照步骤操作：首先拉开手机夹，插入手机，夹住手机的中间位置，或者将手机插到手机夹底部。

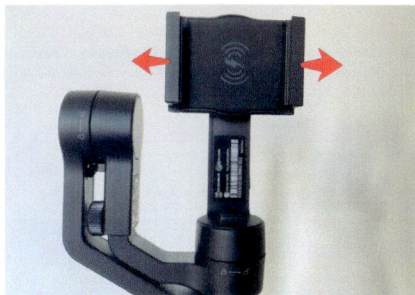

▲ 图2.17

手机稳定器默认为是横屏拍摄，如果需要竖屏拍摄，调整手机夹的角度即可，如图2.18所示。

如果手机稳定器的轴的位置有卡扣，请先将卡扣解锁，如图2.19所示，然后按开机键打开手机稳定器。

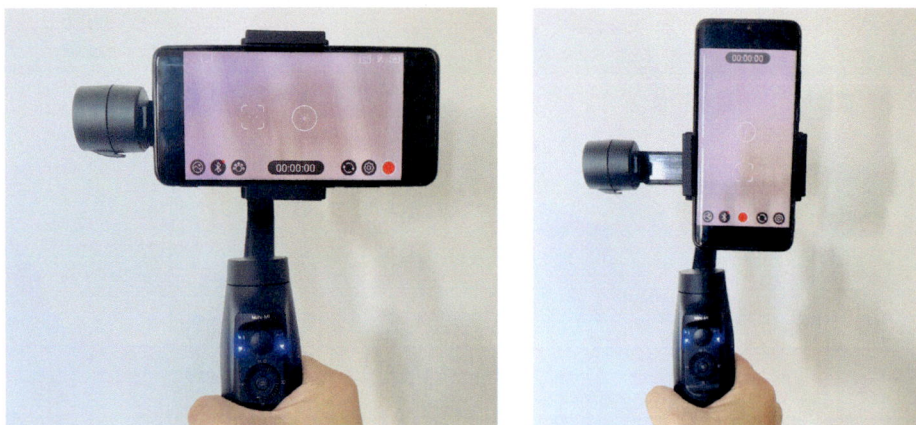

▲ 图2.18

打开手机稳定器后，手机稳定器会自动进行调平，如果出现无法调平的状况，我们既可以小幅度移动手机来进行调平，也可以按照说明书重新校正稳定器的水平状态。

开机后，手机保持水平即可开始拍摄。手机稳定器的具体操作详见说明书，不同品牌的手机稳定器的操作略有不同。我们可以使用手机自带的相机进行拍摄，但此时手机稳定器只能作为手柄来提高稳定效果，并无其他功能。而下载手机稳定器的官方App，用户就可以使用手机稳定器的各种功能，比如人脸追踪、希区柯克、盗梦空间、变焦等。

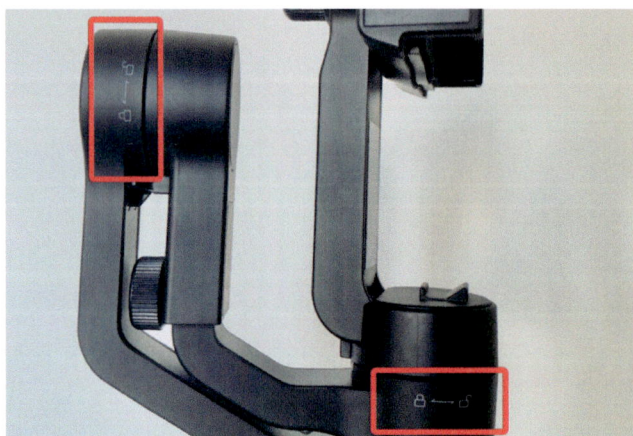

▲ 图2.19

手机稳定器的基本功能

手机稳定器的官方App有丰富的拍摄功能，能够提升视频的表现力以及增强拍摄的多样性。我们以某个品牌手机稳定器的官方App为例，介绍其基本功能。

打开App，进入拍摄界面，通过蓝牙连接手机和手机稳定器，这样就可以使用手柄上的按钮来操控手机进行拍摄。

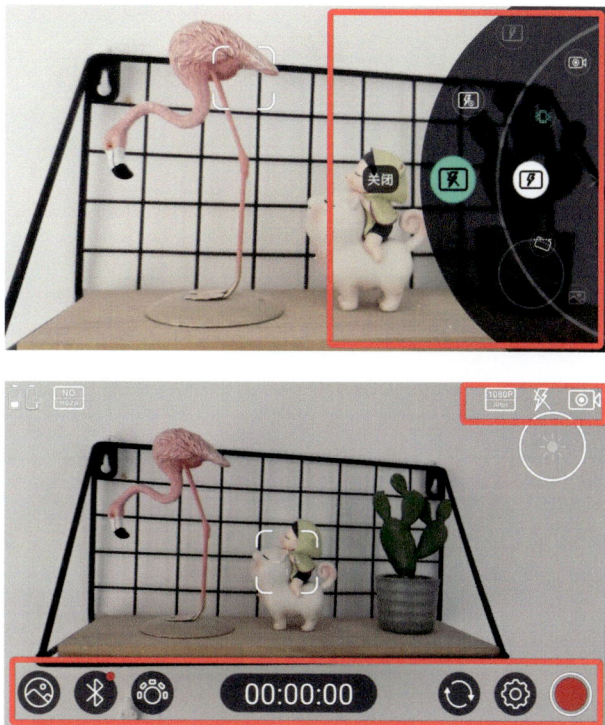

▲图2.20

手柄上的按钮的功能如下。

拍摄功能：可以选择拍摄照片、视频、延时摄影、慢动作，也可以自由切换前后摄像头进行拍摄。

画面修饰：可以添加滤镜，改变视频风格，也可以开启美颜功能，优化人像视频的拍摄效果，还可以根据环境调整曝光度，开启补光灯。

分辨率：用手机拍摄视频可以选择不同的分辨率，使用手机稳定器的官方App拍摄时，有更多的分辨率可供选择，从720p到4K，我们可以根据自己的需求进行选择。

主体追踪：使用手机稳定器官方App可以拍摄主体明确的视频，比如人像、产品、宠物等，开启手机稳定器的主体追踪功能后，在拍摄主体移动的过程中，手机镜头会一直对准拍摄主体，不让主体出画，让视频主体明确。

手机稳定器有一定的使用门槛，要想用好手机稳定器，用户可在各个品牌的官网上或者微信公众号中观看教学视频，多学习、多练习，这样才能把手机稳定器的性能发挥到极致。

外接镜头，
让拍摄更多样

随着手机拍摄功能的丰富，手机镜头的数量也越来越多，从单摄像头到双摄像头，再到现在的五六个摄像头，手机厂商在手机拍摄功能上下足了功夫，有些手机还单独配置了一个用于拍视频的镜头。

如果手机没有那么多的摄像头，我们如何才能拍出更多的视角呢？其实手机摄影的配件发展得也很迅速，比如各种不同类型的外接镜头，使用不同的外接镜头就能实现更多视角的拍摄。

外接镜头的种类与作用

手机的外接镜头有很多种，常用的镜头有广角镜头、微距镜头、长焦镜头，还有特殊视角的鱼眼镜头如图2.21所示。外接镜头很小巧，夹在手机镜头上即可使用。同时它不受手机性能的影响，单摄像头和多摄像头手机都可以使用。这是因为多摄像头手机在拍摄时，也是调取其中一个摄像头工作，把外接镜头放在对应的摄像头上就可以正常使用。

▶图2.21

如果还有更多的拍摄需求，拍摄者也可以搭配使用偏振镜、星芒镜，以及专业的录像镜头，这种专业的录像镜头能拍出电影质感。

以专业的录像镜头为例，它能够拍摄出与电影画幅比例相同的视频，如图2.22所示。常规视频的画幅比例是4：3或16：9，而专业的录像镜头可以拍摄画幅比例为2.4：1的宽幅画面，让视频看起来更高端。但是，应用这种镜头需要使用对应的App。

▲ 图2.22

拍摄更大场景的广角镜头

手机镜头都是定焦镜头，没有办法像相机一样调整焦距，因此个别场景的拍摄会受限。未自带广角镜头的手机，在手机镜头的取景范围无法满足拍摄需求时，拍摄者就需要向后退，拉远距离以包含更多的场景。但当无法改变拍摄距离时，拍摄者就需要使用外接的广角镜头来扩大取景范围。手机正常拍摄与使用广角镜头拍摄的对比如图2.23所示。

手机正常拍摄　　　　　　　　　　　　**使用广角镜头拍摄**

▲ 图2.23

广角镜头适用于拍摄户外风光、高大建筑，也适用于拍摄人像，包括自拍。用广角镜头拍摄出的画面相比用普通手机镜头拍出的画面更加宽广、大气，空间透视感明显，画面更有视觉冲击力。

探索微观世界的微距镜头

当我们要表现一些细节，比如花蕊、叶脉等，或者要突出物品的纹理、质感等时，直接用手机拍摄是无法办到的。因为如果使用手机镜头直接拍摄，当手机镜头与主体之间的距离小于5厘米时，手机镜头就无法对焦，整个画面就会模糊虚化。如果手机自带微距镜头，就可以直接使用微距功能拍摄；如果不带微距镜头，则可以使用外接的微距镜头拍摄，即可得到我们想要的效果。手机正常拍摄与使用微距镜头拍摄的对比如图2.24所示。

手机正常拍摄   使用微距镜头拍摄

▲ 图2.24

打破拍摄局限的长焦镜头

近两年，部分手机增加了长焦镜头功能，其使用潜望式镜头设计，突破了定焦镜头无法进行光学变焦的弊端，让人们在较远处也能拍摄较为清晰的画面。正常手机的变焦范围一般为10倍，自带长焦镜头的手机最高可以变焦100倍，而且在变焦100倍的情况下也能保证画面的清晰度。不过用手机拍摄视频时，变焦倍数会降低。

市面上90%的手机都不具备长焦镜头，所以外接长焦镜头也是我们常用的一种拍摄器材。使用外接长焦镜头可以简单地理解为，在镜头外装了一个望远镜。用外接长焦镜头拍摄得到的画质要比用手机自带的变焦功能拍摄的画质高很多，如图2.25所示。

手机正常拍摄   使用长焦镜头拍摄

▲ 图2.25

外接遥控快门，
提高画面稳定性

拍摄视频时，更多情况下我们追求的是画面的稳定性。正常情况下，我们会使用前文所讲的方法，即使用一些工具固定手机，这种拍摄出来的画面基本上都会非常稳定，不会出现晃动。但有时也会有一些极端情况出现，比如要拍摄近距离的场景，本身取景范围就较小，对对焦的要求比较严格，手机稍微晃动可能就会影响对焦和画面的清晰度。这种微小的晃动也许就来自你用手按快门的动作，当手触碰到手机屏幕的时候，手机会微微颤动。可能我们无法用肉眼观看到这种颤动，但是画面是会受到一定影响的。所以为了保证手机足够稳定，我们应尽量避免用手触碰屏幕。

如何用耳机线控制快门？

我们一般只会在以下场景用到耳机——打电话、听音乐和看视频。但耳机还有另一个功能，并且很多人并不知道。打开手机相机，插上耳机，我们可以通过按耳机线上的音量键来控制快门。当我们要拍摄一个场景时，我们可以固定好手机，使用耳机线作为快门的延长线，如图2.26所示，这样就避免了用手触碰手机屏幕，能有效地减少手机的晃动。

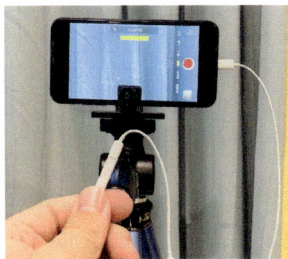
▲图2.26

蓝牙遥控器的使用方法

蓝牙遥控器是一种专门用于拍摄的辅助工具，手机通过蓝牙与蓝牙遥控器相连，拍摄者再通过蓝牙遥控器上的按钮控制快门，如图2.27所示。使用蓝牙遥控器既可以拍摄照片、视频，又可以调整焦距、转换前后摄像头。而且蓝牙遥控器非常小巧，便于携带，操控简单。耳机线的长度限制操控距离，蓝牙遥控器则更方便，因为其可控制的距离更远。蓝牙遥控器适用于一个人自拍，能使人自拍时更加从容。

▲图2.27

除了手机，
还有哪些随身可带的设备？

虽然手机拍摄视频的功能越来越强，但在一些特殊的场景中，手机依然无法满足所有的拍摄需求，比如水中拍摄、全景拍摄等。那么除了手机，还有哪些可以随身携带的拍摄设备呢？

运动相机

前文我们讲过，手机稳定器能够提高视频拍摄的稳定效果。但是，如果拍摄的是一些特殊的场景，比如极限运动、骑行、自驾这些激烈的场景，我们就无法使用手机稳定器了，因为有时候还需要释放双手。这时我们可以使用运动相机，运动相机已经诞生很多年了，它因为小巧、拍摄防抖效果好而受到了很多运动爱好者的喜欢，如图2.28所示。

▲ 图2.28

运动相机可以通过配件固定在很多地方，比如头盔上、车把上、手腕上等，既可以释放双手，又可以带来真实的拍摄视角。而且运动相机自带超广角镜头，很多人会用它来拍视频博客（video blog，vlog）。运动相机还有一个特点就是防水，可以直接带入水中进行拍摄。除此之外，运动相机还具有拍摄照片、延时摄影、慢动作等多种功能。

全景相机

手机自带的广角镜头能达到120度覆盖，如果配上外接鱼眼镜头，能达到180度覆盖，而全景相机能够达到360度覆盖。因为全景相机前后共有2个180度的超广角镜头，且能够同时录制。后期导出视频时，拍摄者可以自由选择想保留的画面，也可以通过设备制作全景的小星球特效视频。

全景相机属于运动相机的范畴，外形小巧，非常轻便，便于携带，如图2.29所示。它拥有强大的防抖效果，所以在滑雪、冲浪等运动场景中也经常被使用。全景相机的另外一个特点是能够隐藏画面中的自拍杆，拍摄效果类似于无人机拍出的效果，很适合用于自拍。

▲图2.29

拇指相机

拇指相机是伴随短视频的发展而出现的一种拍摄设备，因为它只有拇指大小，所以叫拇指相机。使用拇指相机时拍摄者可以把相机吸附在胸前的吸盘上，或者通过特制的夹子夹在帽子上，用以拍摄第一视角的视频，如图2.30所示。使用拇指相机可以解放双手，而且第一视角会让观看者更有代入感。用拇指相机进行拍摄可以增添很多独特的画面感，也可以激发出拍摄者更多的创作灵感。

▲ 图2.30

收音设备

拍摄视频不仅仅要考虑画面的质量，也需要考虑收音效果。特别是拍摄vlog时，需要在很多场合收音。如果环境很嘈杂，视频的音效会非常差；如果人物离手机很远，手机也无法清楚地录制人声。

在这种情况下，如果有特殊的收音需求，拍摄者就需要使用一些收音设备来辅助拍摄。

第一种收音设备是耳机，但是拍摄距离会被耳机线的长度限制，所以耳机一般只适用于自拍。

第二种是指向性麦克风，如图2.31所示。指向性麦克风通过线连接手机，收音效果更好。因为指向性麦克风对准人物收音时，能够有效地屏蔽周围杂乱的环境音，只收取麦克风指向处的声音。

▲图2.31

第三种为无线麦克风，这种麦克风能打破距离的限制，让收音更加自如，但需要注意的是，人物说话的时候一定要对着手机。无线麦克风可以夹在衣领上，如图2.32所示，通过蓝牙与手机相连进行收音。而且无线麦克风具有降噪功能，能够很好地屏蔽杂乱的环境音，让收音效果更好。此外，无线麦克风小巧、便于携带，不会影响拍摄。

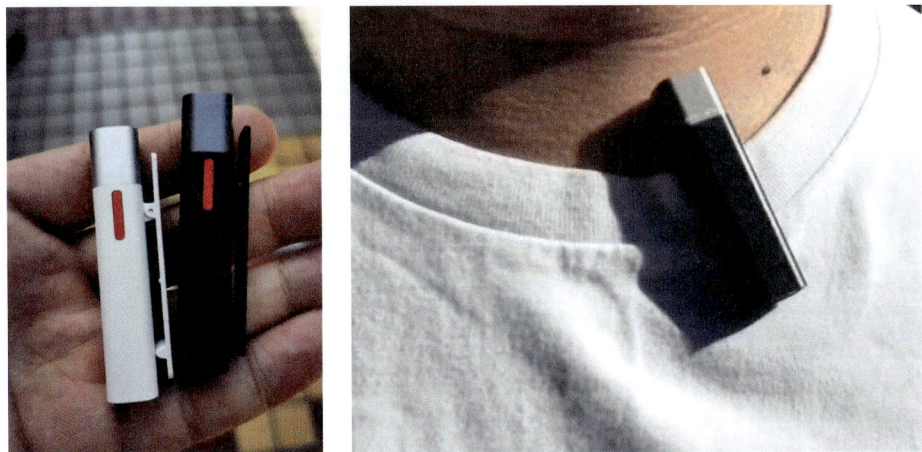

▲图2.32

设备是为人服务的，拍摄者不要为了满足某个小需求而去采购设备，因为设备如果无法发挥出最大的功效，就会变成一种负担。拍摄者在购买前需要了解设备的各种功能和使用它能拍出什么效果，拍摄者在想要实现某种效果时，可以先想一下如何用现有的设备来实现，比如进行水下拍摄一定要买可以防水的相机吗？其实买一个防水套，再把手机放在里面也可以进行水下拍摄。总之，手机拍摄还是应以快捷、便利为主。

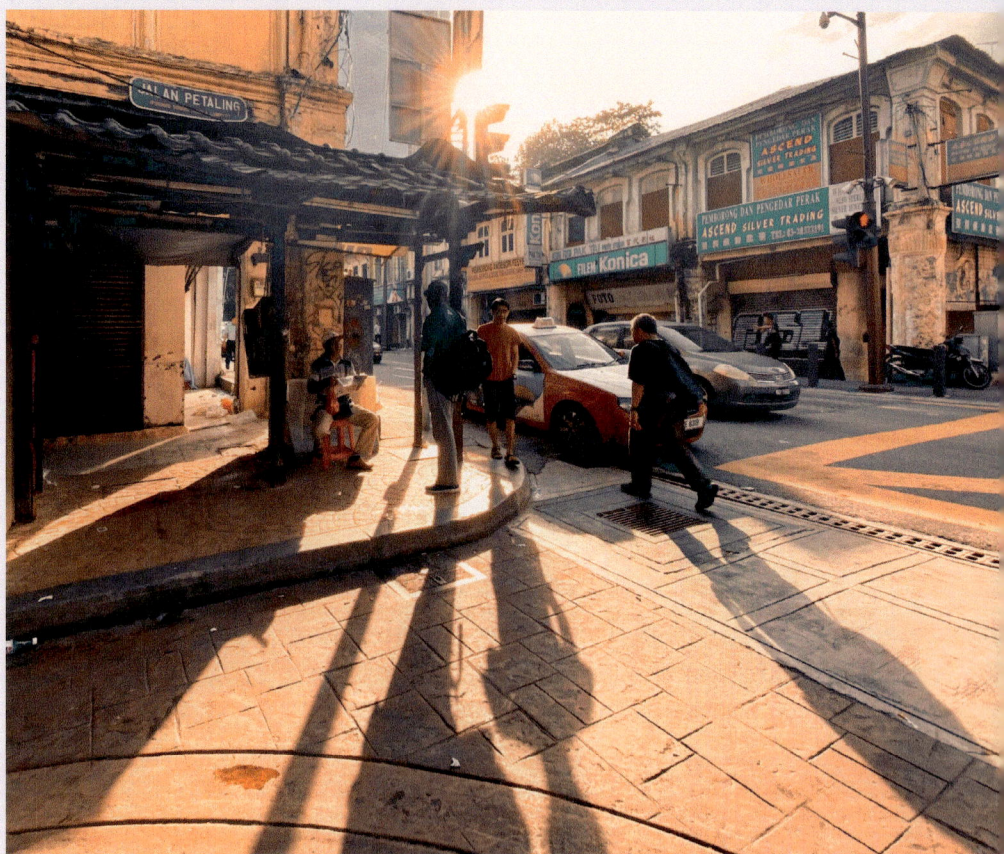

| 第三章

Chapter 简单易操作的手机
Three 拍摄技巧

7种适合手机
拍摄的运镜技巧

视频不同于照片，视频是动态的，因此拍视频时，如果机位固定，拍出来的画面相对就比较单调，特别是拍摄缺少移动元素的静态场景时。所以在拍视频的时候，我们需要应用一些运景技巧，让视频"动"起来，增加画面的动感，同时也能增加视频的代入感。

运镜是什么意思？简单地讲就是让镜头动起来，让观众的视线突破镜头画框的限制，比如镜头一直跟随人物移动。运镜时可以使用手机稳定器辅助，这样效果会更好。手持手机拍摄时，镜头在运动的过程中难免会出现晃动，为了保持画面的稳定性，拍摄者需要注意以下两点。

减小移动幅度和降低移动速度

手持手机拍摄时，移动幅度较大、移动速度较快都易造成手机晃动，使画面的稳定性不可控，所以应尽量减小移动幅度和降低移动速度，提高画面的稳定性。

双手握住手机以提高稳定性

手持手机长时间拍摄视频时，尽量双手握住手机，胳膊紧贴躯干，把身体当作一个三脚架，这样能够提高画面的稳定性。

运镜一：推

"推"是最常见的一种运镜技巧。在拍摄的时候，镜头缓慢向前移动，不断地向拍摄主体推进，拍摄主体在画面中会逐渐变大，如图3.1所示。这种运镜技巧能够起到聚焦、突出拍摄主体的作用。比如要拍摄一个人物，镜头向前推进的过程中，人物在画面中会逐渐变大，从而更加突出。

即使是拍摄没有主体的场景，"推"也会让视频更有代入感。

镜头向前推进

▲ 图3.1

运镜二：拉

"拉"与"推"刚好相反。在"拉"的过程中，镜头逐渐向后拉远，远离拍摄主体，"拉"的视觉效果也与"推"的效果相反，如图3.2所示。"拉"这一运镜技巧能够起到交代环境、突出现场的作用，让观看视频的人了解拍摄主体所处的环境特点，渲染画面氛围。

镜头向后拉远

▲ 图3.2

运镜三：转

"转"这一运镜技巧能给视频增加一种独特的视觉效果。其操作方法也很简单，有两种常见的操作方式。

第一种是站在原地拍摄，在拍摄过程中旋转镜头，对于旋转角度没有特定的要求，但是在拍摄素材的时候尽量进行360度拍摄，以方便后期剪辑的时候截取素材，如图3.3所示。如果拍摄的角度不够，后期截取素材就会受到限制。

▲图3.3

第二种是围绕拍摄主体进行旋转拍摄，如图3.4所示。这种方式能全方位地展现拍摄主体。因为是动态拍摄，所以拍摄者围绕主体进行旋转拍摄时，要控制好移动的速度。

▲图3.4

059

运镜四：移

"移"可以理解为平行移动，移动的方向可以是横向，也可以是纵向，或者倾斜一定的角度，如图3.5所示。但是移动的轨迹要以直线为主，尽量不要曲线移动。单个镜头拍完就停止，然后拍摄下一个镜头。单个镜头里尽量不要使用多种运镜技巧，否则会造成混乱的视觉效果。

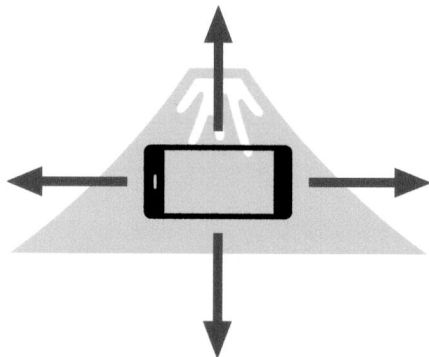

▲图3.5

比如拍摄辽阔的自然风光时，可以横向水平移动；拍摄高大的主体如建筑、山峰等时，可以纵向移动；拍摄小场景时也可以使用这一运镜技巧。"移"适用的场景很多，但是一定要注意保证镜头是直线移动的。

运镜五：穿

"穿"可以理解为穿越、穿过的意思，在拍摄过程中使用这一运镜技巧时，拍摄者需要在镜头和拍摄主体之间寻找一个前景，镜头要穿越的就是这个前景。"穿"这一运镜技巧可以增加视频画面的层次感和空间感。有了前景的衬托，有了远近的对比，观看者会有身临其境的代入感。但是前景不能喧宾夺主，它只是起到衬托的作用，比如栏杆、门窗、树叶间的缝隙等都可以作为前景。拍摄的时候可结合"推"和"拉"等运镜技巧，"穿"过前景，然后聚焦在拍摄主体上，如图3.6所示。

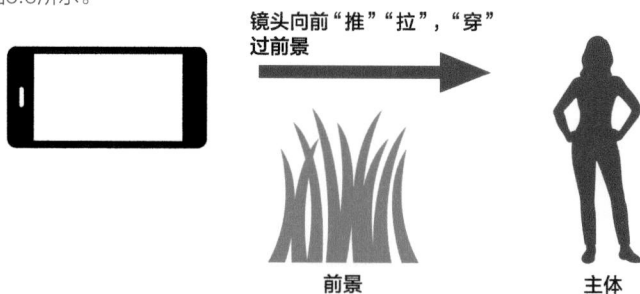

镜头向前"推""拉"，"穿"过前景

前景　　　　主体

▲图3.6

运镜六：跟

"跟"这一运镜技巧可以理解为跟随，即拍摄移动的主体时，镜头一直跟随拍摄主体移动，如图3.7所示。比如在后面跟随拍摄一个向前走动的人，或者在前面拍摄向镜头走过来的人。镜头和主体同步运动可以保证拍摄主体在画面中的比例不变，跟随拍摄也能增加观看者的代入感。

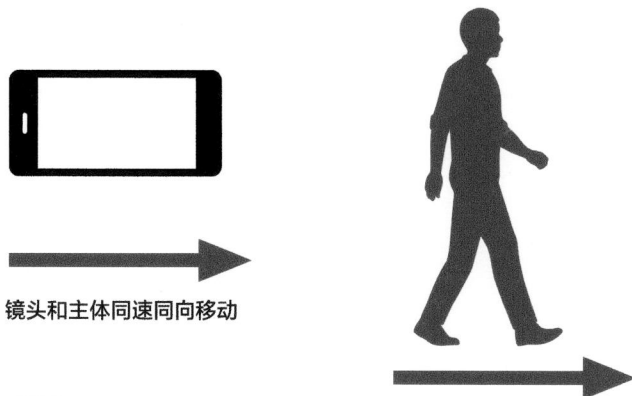

镜头和主体同速同向移动

▲图3.7

运镜七：摇

"摇"的操作方法和效果与"移"类似，但是在拍摄时，"摇"镜头是指拍摄者原地不动地旋转手机或者相机，镜头是弧形移动的，如图3.8所示。比如站在原地拿好手机，镜头从左向右移动，其移动路径是一个弧形。拍摄者也可以从下向上拍摄，关键是拍摄者要原地不动。

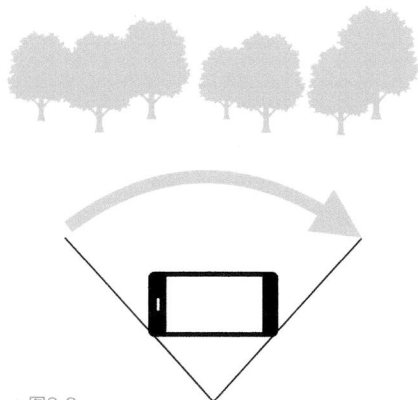

▲图3.8

使用"摇"这一运镜技巧得到的视频会逐一展示镜头前的场景，让观看者更有代入感。

不同视角能拍出
什么不同的效果

普通人拍摄视频都会有一个惯性思维，就是拍摄时要"自己舒服"。因为手机拍摄的最大特点就是便捷，随时拿出手机就能拍摄，所以大部分人用手机拍摄时都会拿起手机就开始拍，用自己觉得最舒服的姿势拍摄，比如站着拍摄，或者把手机拿到胸前的高度进行拍摄。如果拍摄者与拍摄主体的身高差距不大，这样拍摄没什么问题。但是如果成人站着拍摄孩子、宠物或者路边的花花草草，就会变成俯拍视角，这样拍出来的视频效果就会大打折扣。比如站着拍摄孩子，多数情况下很难拍到孩子的脸，只能拍到孩子的头顶，也无法记录孩子真实的状态和表情，这样的视频很难打动人。

俯瞰全局的"上帝视角"

"上帝视角"很好理解，就是在高处俯瞰。有一些拍摄需要记录全景或者非常大的场景，就可以利用"上帝视角"来进行拍摄，不过这种视角受到的限制比较多，比如要在高空或者寻找制高点进行拍摄，这时使用无人机航拍的效果是最理想的。如果用手机拍摄就无法实现航拍，那就需要寻找制高点进行拍摄，比如在高层的楼上向下拍摄，或者使用自拍杆把手机举高从上方拍摄。虽然这样拍摄仍没有无人机那么广的视角，但是也可以通过视角的改变来丰富画面。俯拍人物容易将人拍得非常矮小，因为近大远小的透视原理会导致镜头离头近，离腿远，如图3.9所示。

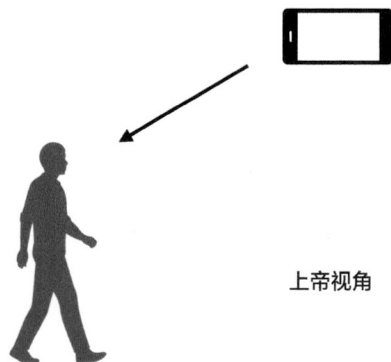

上帝视角

▲图3.9

图 3.10 是在一个建筑的顶楼拍摄的俯瞰城市的画面。如果要拍摄城市题材的视频，拍摄者可以寻找当地的地标或者在较高的建筑物上拍摄。

▲ 图3.10

自然风光类视频也适合用"上帝视角"拍摄，其能够更好地突出风光辽阔的特点。图 3.11 的拍摄位置为半山腰，能较好地拍摄山谷下面的晨雾。如果人位于山谷，置身于晨雾之中，是无法拍出这种效果的。

▲ 图3.11

图 3.12 是使用全景相机自拍得到的画面，从上方垂直拍摄，可以拍出像用无人机跟拍一样的效果。虽然只是一个简单的画面，但结合建筑的空间，利用不同的视角，就能增加视频的趣味性。

▲ 图3.12

063

"平易近人"的水平视角

水平视角是最常用的拍摄视角之一，因为其拍摄高度与人眼高度一致，是人们的正常视角，所以用水平视角拍摄的视频看起来非常有亲切感。用手机进行拍摄时，如果拍的是人物，手机镜头的高度应与被拍摄者的眼睛高度一致；如果是拍摄自然场景，手机镜头的高度应与拍摄者的视线高度一致。

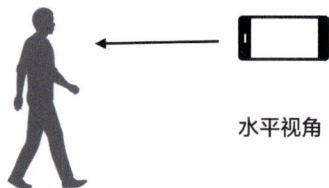

▲ 图3.13

在街头拍摄街景时，如果要增加观看者的代入感，拍摄者可使用水平视角拍摄，拉近观看者和场景的距离。

▲ 图3.14

但有一点需要注意，如果拍摄者拍摄的是孩子、宠物等比自己矮小的主体，就要以他们的视线高度为准。比如拍孩子时，要蹲下来以孩子的视线高度拍摄，这样才能更真实地展现出孩子的特点、动作、神态，也能让孩子更加放松。

▲ 图3.15

065

观感独特的"蚂蚁视角"

第三种常用的拍摄视角叫"蚂蚁视角"。顾名思义,使用"蚂蚁视角"拍摄时,镜头的位置与拍摄立体相比非常低,即以仰拍的方式去拍摄高大的场景或主体,如图3.16所示。这种拍摄视角能让画面产生很强的视觉冲击力,也能增强画面的空间感。

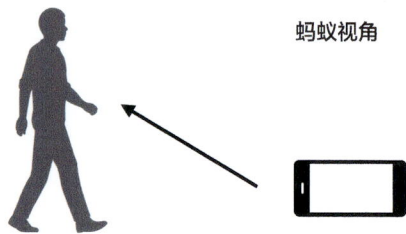

蚂蚁视角

▲ 图3.16

仰拍图3.17所示的高大建筑时,应尽量把建筑拍完整,这样才能突出建筑的特点和气势,尤其是古建筑很适合仰拍。如果地面积水,还可以利用水面拍摄倒影效果,增加画面的动感。

▲ 图3.17

仰拍同样适用于拍摄人物。通过近大远小的透视原理，仰拍在视觉效果上会拉长人物的双腿，也可以使人物的脸显得很小，同时还能体现一种高贵、霸气的独特气质。仰拍还有一个作用，即在室外以天空为背景进行仰拍时，画面会显得十分干净，主体会更加突出和清晰，如图3.18所示。

▲ 图3.18

学会利用不同景别
丰富视频画面

一个视频需要交代的信息其实很多，所以如果只用一个视角进行拍摄难免会显得有些单调。前文讲了3个拍摄视角，拍摄一个主体时，我们可以不断切换视角。但是这种方式只适用于拍摄同一个主体，没办法交代更多的信息，比如环境、背景信息、细节或者人物的一些情绪等。因此，我们要学习拍摄不同的景别。

什么是景别？

景别就是拍摄主体在画面中展现的内容的多少。景别一般包括远景、大全景、全景、中景、中近景、近景、特写、大特写。不同景别在画面中展现的内容不一样，所表达的镜头语言也不一样。

下面用电影《天使爱美丽》中的一些镜头给大家讲一讲不同的景别之间的区别，及其展现的内容。图3.19所示的剧照中都有一个人，但是人物在画面中的比例不同。

电影《天使爱美丽》

▲ 图3.19

左上图，这是一个非常大的场景，一个人在右侧楼梯下方，一个人在左侧楼梯上方，整体的比例非常小，离镜头很远，这叫远景。

中上图，这是一个室内场景，立体人物在画面中"顶天立地"，头接近画面上边缘，脚底接近画面下边缘，这叫全景。

右上图，人物在画面中的比例较大，头顶在画面上边缘，画面下边缘在人物胸部以下的位置，这叫近景。

左下图，人物的头顶在画面上边缘附近，画面下边缘在人物腰部以下的位置，这叫中近景。

中下图，画面中的立体是一个人的面部，这叫特写。

右下图，人物面部充满整个画面，只展示了脸的局部，这叫大特写。

通过这些不同的景别，我们能够从画面中感受到不同的氛围和情绪，比如远景和大特写的画面突出的感觉是不同的。

从景别示意图（图3.20）中，我们可以大致了解不同景别的取景范围，以及不同景别具体表达了什么样的效果。

▲ 图3.20

远景，更多地突出空间和环境的特点。

全景，人物高度和画面相同，主要表现人物的一些肢体动作。

中景，拍摄人物从头到手自然下垂的位置，用于表现人物的情绪、动作，突出人物。

中近景，拍摄人物从头到腰部偏下的位置，用于表达人物的情绪和神态面貌。

近景，拍摄人物从头到胸部的位置，能使观赏者的视觉集中，突出人物的情绪。

特写，只拍摄了人物的头部，用于表现微妙的面部表情。

大特写，拍摄人物或者物体的局部，比如眼睛、嘴巴，有格外强调的作用。

景别在拍摄过程中也可以应用于其他场景，不同的景别不仅可以用来拍人，还可以用来拍摄风光、食物等。景别一般是跳级使用的。如果第一个镜头的景别是大特写，第二个镜头就不能用特写，而应用近景或者中近景；如果第一个镜头的景别是中景，第二个镜头就不能用全景或者中近景，而应使用远景或者近景。

如何选择景别？

景别的差异体现了拍摄者的主观态度。如果要表现亲密感、刻画情绪，就可以使用近景、中近景等景别；如果要表现疏离感、距离感，就可以采用远景、大全景等景别。景别可以笼统地分为全景系列（远景、全景、大全景）和近景系列（近景，中近景，特写等）。

全景系列景别表现的内容比较宏大全面，以记录场景范围和人物动作为主；近景系列景别侧重于表现人物的情绪面貌、内心世界和物体的细节特点。而且使用近景系列景别能够虚化背景，让主体在画面中更加清晰，且不受环境的干扰，具有很强的视觉冲击力和突出细节的特点。

图 3.21 所示是制作手擀面的过程。因为要拍摄切面的细节，所以采用了特写景别，并且画面也更清晰。

▲ 图3.21

图 3.22 所示为一个老奶奶背着背篓上山的场景，为了体现环境的特点，我采用了远景景别拍摄。这样不仅描述了人物的动作，还记录了环境的特点。

▲ 图3.22

用好构图，
让画面更具美感

构图是体现摄影艺术最为直接的一种形式。可以简单地将构图理解为把画面中的人、景、物安排在合理的位置，以保证画面的稳定性和平衡性。它综合了用光、景别等多种技巧，将拍摄的物体按照一定的规律组合在一起，以表达拍摄者的拍摄意图。组合不同的场景、不同的拍摄条件，可以得到多种构图，甚至可以进行多种构图的组合。通过合理的构图拍摄到的画面具有均衡、和谐的视觉美感。

横构图和竖构图

拍什么要用横构图？

横构图是最常用的画幅之一，这是由人眼的可视范围决定的。人眼的水平视角大于垂直视角，采用横构图能够模拟人眼的视觉效果，所以电视剧、电影都是以横构图的形式呈现的，还原度很高。

如果要拍摄大场景或者人多的场景，想突出表现环境、空间的内容，就可以采用横构图，如图3.23所示。

◀图3.23

拍什么要用竖构图？

随着手机的普及，更多人习惯使用手机观看视频。手机本身是竖屏的，而且屏幕很小，所以竖版视频能更好地与手机适配，让我们更舒适地用手机观看视频。同时社交媒体的发展让更多人开始乐于展示自我，乐于通过视频展示才艺。单人视频就适合用竖构图拍摄。

如果要拍摄单个的人物或者物品，或者想表现场景深邃的空间感，比如街道、长廊等场景，使用竖构图更为合适。使用竖构图拍摄高大的建筑、树木、山峰等，能突出其高大挺拔等特点，如图3.24所示。

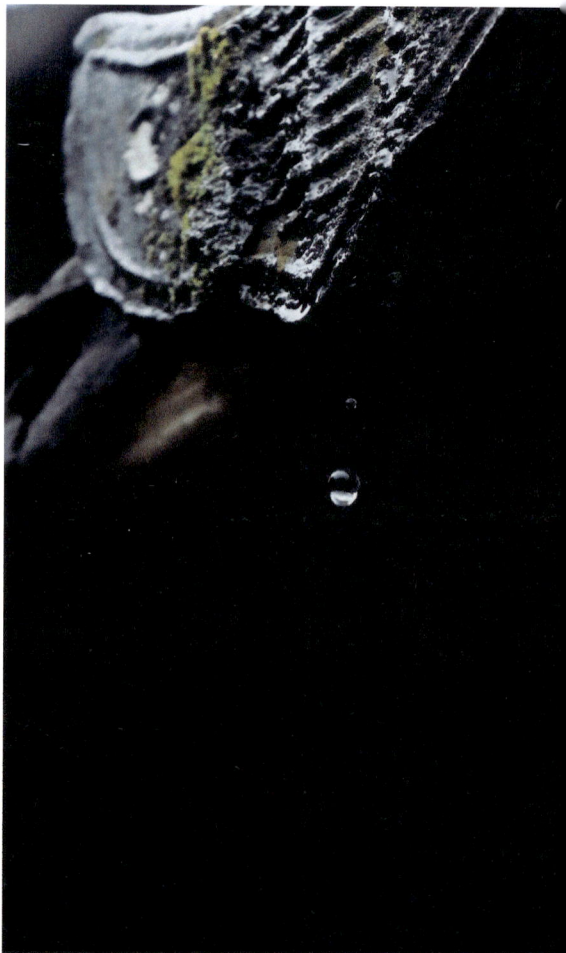

▲ 图3.24

拍摄时使用什么样的构图，应根据拍摄者想表达的内容以及传播平台的特点来决定。

中心构图

中心构图是最常见的一种构图方式，也是最简单的构图方式之一。中心构图是指把你要拍摄的主体放到画面的正中间，如图3.25所示。注意主体不能偏，如果主体偏向一侧，则会显得画面失衡。中心构图适用于拍人、静物这些单一的主体。这种构图能比较好地强调主体、突出主体的特点。

▲ 图3.25

图 3.26 所示为在房间内烧油灯的孩子，室内很暗，在油灯的映衬下只能看见孩子的轮廓。人物和油灯位于画面的正中间，这就是中心构图。

▲ 图3.26

横构图更适用于展示剧情、风景、大场面或者人物场景结构丰富的内容。比如剧情类视频、风光类视频、vlog类视频都更适合用横构图拍摄，如图3.27所示。

▲ 图3.27

073

在短视频时代，用户习惯竖着拿手机看视频。竖版视频的内容多数是单人的才艺展示，比如脱口秀、歌舞等。而且手机屏幕一般很小，屏幕上还有文案、各种功能按钮，所以主体应居中展示。中心构图是竖版视频中被使用得最多的构图方式之一，如图3.28所示。

▲ 图3.28

九宫格构图

九宫格构图是最基础的构图方式之一，4条线把屏幕分成9等份，横线和竖线有4个交叉点。拍摄的时候应把主体放在4个交叉点中的某一个点上，如图3.29所示。但是九宫格构图的变化很多，因为有4个交叉点可以选择，所以九宫格构图可以应用于非常多的场景。不过使用九宫格构图时，拍摄者一定要注意主体和周围环境的关系。

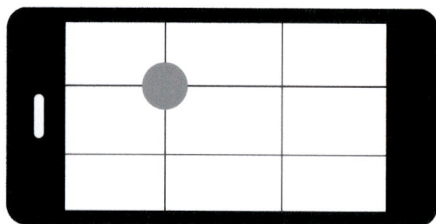

▲ 图3.29

▲ 图3.30

图3.30中的人物位于九宫格构图左下角的交叉点附近，太阳在右上角的交叉点附近，人物和太阳形成相互对应的关系，确保了画面的平衡性。如果此图中没有人物，只有太阳，就会显得画面重心偏右，画面便失去了稳定性。

黄金分割是一种常用的构图手法。我们都知道，最完美的比例就是黄金分割比例。九宫格构图与黄金分割非常相似，我们可以将九宫格构图理解为简易版的黄金分割。图3.31所示为电影《爱乐之城》的剧照，这两幅剧照就是使用了简易版的黄金分割进行构图。

▶ 图 3.31

电影《爱乐之城》的剧照。

现在的手机相机都自带九宫格构图的辅助线，有的安卓手机还带有构图辅助线功能，以辅助用户构图。图3.32中箭头指的线就是九宫格构图的辅助线，苹果手机、安卓手机的相机都有这个功能。

▲图3.32

开启九宫格构图辅助线的方法。

苹果手机：设置—照片与相机—网格。

▲ 图 3.33

引导线构图

引导线构图是指利用环境中天然形成的有形或者无形的线条，根据透视原理形成画面的纵深感，如图3.34所示。拍路、桥等场景时就适合使用这种构图方式，它能够很好地还原空间感，画面的代入感也会更强。

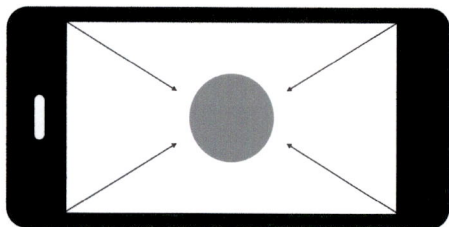

▲ 图 3.34

▲ 图 3.35

图 3.35 是电影《灰姑娘》的剧照，穿蓝色裙子的是主角灰姑娘。她跑上楼梯后，楼梯上下的扶手从画面的四周向中间汇聚，利用天然的线条，把观众的视线引到了位于画面中间的主角身上。

▲ 图 3.36

图 3.36 所示为一个延伸到海上的木栈道，它的边缘由近及远汇聚到画面中的人物的位置。人物是画面的视觉焦点，也是天然有形的线条，起到了引导的作用。

▲ 图 3.37

图 3.37 中，上方的树叶垂下来，对于观众来说，其视线被引导到画面下方。画面下方是沙滩椅和远处的海面等场景，这是画面的重心，叶子只是起辅助衬托的作用。

　　引导线有有形的，也有无形的，比如光线或者目光。无论引导线是否有形，引导线的作用就是引导观众把视线集中到画面中的视觉焦点上。

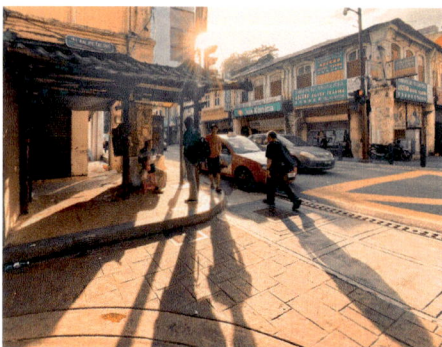

▲ 图 3.38

图 3.38 中的场景是在一个街头逆光拍摄的。因为太阳很低，所以街上的人在地面上留下了长长的影子，影子由近及远向中间汇聚，汇聚在人物脚下。人物位于画面中间，是画面的视觉中心，所以光影起到了引导线的汇聚作用。

▲ 图 3.39

图 3.39 中位于左右两侧的两个人分别侧身看向窗外的人民英雄纪念碑。画面中没有明显的有指引性的线条，也没有指引性的光影，但是两人注视着画面中间的人民英雄纪念碑，此时人物的视线就起到了引导观众视线的作用，观众会随着她们的视线看向中间的人民英雄纪念碑。

框架构图

使用框架构图的场景的边缘本身是一个有限制的框架。框架构图是指在画面中寻找一个框架，然后把主体放在框架中间，这也能起到引导、聚焦的作用，如图3.40所示。框架可以是有固定形状的，比如门框、窗户、洞口等轮廓清晰的框架。

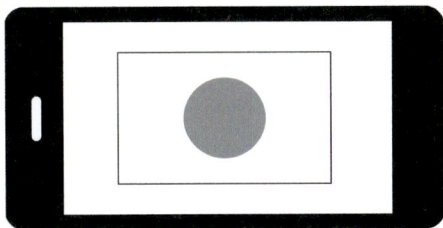

▲ 图 3.40

▲ 图 3.41

图 3.41 是我于一个建筑群的中间仰拍得到的画面。利用超广角镜头，我可以把四周的建筑拍完整，使之形成一个闭合的框架。飞机是画面的视觉焦点，框架则起到了引导和聚焦的作用，使观众的注意力聚焦在了视觉焦点上。

▶ 图 3.42

图 3.42 中两个人坐在门槛上轻松地聊天，画面中方正的门框就成了一个框架，将人安排在框架中便能吸引观众的目光。门框里的黑色空间，也给画面增添了一种神秘感，引人入胜。

框架构图也可以利用无固定形状的场景，比如利用光线、空间等形成框架，从而起到聚焦的作用。图3.43中的佛塔位于画面的正中间，其背后的阳光刻画出佛塔的轮廓，四周的植物因为阳光照射不进来，所以颜色很深。通过这种光线的明暗对比，佛塔的四周形成了一个框架，让佛塔成为画面的视觉焦点。这就属于无固定形状的框架构图。

▶ 图 3.43

079

▲ 图 3.44

图 3.44 是在飞机上拍摄的飞机窗口，单独拍摄窗外会显得比较单调，所以我伸出了一只手，放在机窗的框架之中，以引导观众的视线。

通过环境中的元素去寻找或创造框架进行拍摄，能够很好地增加画面的空间感，让画面更有层次，并使画面不那么单调。

对称构图

对称构图是指在画面正中间寻找一条线，在线的两侧使画面基本保持一致，达到对称的效果，如图3.45所示。这种构图能够营造多重空间，增强画面的空间对比和层次感，常用于拍摄有水面、镜面的场景。对称构图还能让画面显得更加稳重，特别是拍摄我国的古建筑时，因为它们格外讲究对称美。

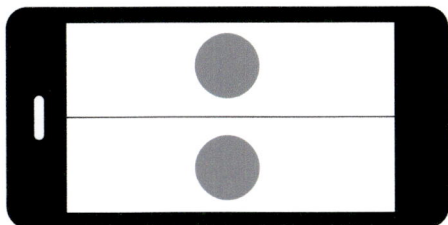

▲ 图 3.45

▶ 图 3.46

图 3.46 所示为我利用水面的倒影拍摄的具有对称效果的画面。画面上半部分和下半部分是同样的场景。这样的构图不仅增强了画面的空间感，也通过水面上的倒影，增强了画面的虚实对比。

◀ 图 3.47

图 3.47 所示的场景是我在楼顶通过另外一个手机屏幕的反射拍摄的城市倒影。画面在地平线的上下两方形成对称。拍摄这种场景时，如果有天然的反射界面我们可以直接拍摄，如果没有我们也可以利用身边的物品来制造这种对称效果。

081

▲ 图 3.48

　　如果不利用反射界面制造完全对称的场景，也可以利用场景制造对称的视觉效果。图3.48所示的是电影《布达佩斯大饭店》的剧照，这些照片都是利用天然的场景和人物的位置，形成了左右近似对称的视觉效果。对称构图并不一定要求两侧的内容完全一样，只要保证在视觉效果上接近对称即可。

用延时摄影
记录时间变换

什么是延时摄影

延时摄影是拍摄视频时常用的一个功能，也是手机拍摄视频的三大功能之一，如图3.49所示。

延时摄影又叫缩时摄影，是一种压缩时间的拍摄技术。使用延时摄影拍摄的是一组照片或视频，后期通过照片串联或视频抽帧，几分钟、几小时甚至是几天、几年的过程能被

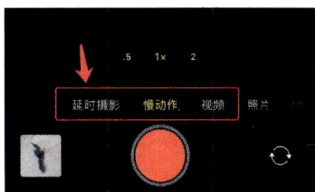

▲ 图 3.49

压缩成一个时长较短的视频。在一个延时摄影视频中，物体或者景物缓慢变化的过程被压缩到一个较短的时间内，呈现出平时用肉眼无法察觉的奇异、精彩的景象。

在电影里，这种拍摄手法称为"降格拍摄"。在前文中我们讲过，现在电影的标准帧数是24fps,就是1秒播放24幅连续的画面，这样看起来画面十分连贯，而"降格"就是降低帧数，如降到1fps，相当于1秒钟拍1张照片。为了保证观众看到的画面是连贯的，我们就需要把用24秒拍摄的24张照片，放到1秒里播放，这时视频呈现的效果就是延时摄影效果，也可以将其理解为快动作。

延时摄影适用于什么样的场景

延时摄影适用于拍摄城市风光、自然风光（日出日落、云层变化等），能快速呈现长时间内的场景变化（花开花落、食物烹饪等），或者表现紧张、匆忙的氛围（川流不息的人群、车流等）。延时摄影因为场景变化快、节奏感强，画面大气、壮观，所以多被用于拍摄大场景，如图3.50所示。

▶ 图 3.50

083

延时摄影的注意事项

1. 画面中要有持续运动的元素。因为延时摄影要记录场景的变化，如果没有运动的元素，画面就静止了。

2. 拍摄时长至少在5分钟以上，不设上限。因为成片会压缩时间，所以如果拍摄时间很短，成片的时长就会更短，比如拍摄1分钟的延时摄影，也许成片的时长只有1秒钟。如果要拍摄日出日落，至少要拍摄30分钟，才能体现出场景的明显变化。

3. 拍摄大场面、大场景时使用延时摄影会更有气势，更有视觉冲击力，比如斗转星移、云彩变幻。但这不是绝对的，我们也可以用延时摄影记录花开花谢这样的小场景。

4. 固定手机，减少抖动拍摄时，尽量使用三脚架，并选择在避风的地方拍摄。因为手机本身很轻，就算使用三脚架拍摄也会产生轻微的晃动。视频本身是加速播放的，所以在成片中，轻微的晃动都会被放大。

5. 使用锁定对焦功能来固定焦点，这样可以防止长时间拍摄时因出现异动物体而造成手机自动对焦，手机重新对焦后导致画面模糊。因为手机相机都有自动对焦、自动调整曝光度的功能，所以拍摄日出日落这种光线变化特别明显的场景时，随着光线的变化，手机相机会自动对焦和调整曝光度，这样拍出来的视频的视觉效果就会不佳。

6. 将手机调成飞行模式。在拍摄的过程中，接打电话会中断拍摄，短信或者各种消息提醒也会使手机震动，导致画面抖动。如果已经拍摄了很长时间，出现这种情况就会使拍摄前功尽弃。

7. 使用蓝牙遥控器或者耳机线控制快门，尽量不用手触碰手机，减少手机的晃动。

8. 保证手机有足够的内存空间。因为拍摄的时间很长，视频文件占用的内存空间自然会很大。拍摄之前检查手机剩余的内存空间，否则可能会因为手机内存空间不够而中断拍摄。

9. 保证手机电量充足。手机长时间处于拍摄状态，耗电会很快，特别是拍摄几十分钟甚至几个小时的视频时，需要提前备好充电设备或者充电宝，保证不会因为电量用尽而中断拍摄。

延时摄影可以控制视频的节奏，增强视频的视觉效果。短视频可以全部使用延时摄影来拍摄，比如拍摄山间的云海，再结合有节奏感的音乐，可以让短视频更有视觉冲击力。

如果是长视频，就不能通篇使用延时摄影了。因为延时摄影更强调视觉上的感官效果，没有太多的实质性内容，太长的延时摄影视频一般会枯燥。长视频要有节奏感，比如拍摄一个有情节的视频，中间可以穿插一些延时摄影的内容，在短时间内展示一些无关紧要的场景时，也可以用延时摄影的内容来过渡。

用慢动作
控制观众的情绪

慢动作的特点

与延时摄影相反的就是慢动作，如图3.51所示。慢动作是我们经常使用的拍摄功能，比较容易理解，即把动作速度放慢。

慢动作通过放慢画面的播放速度，使更多的细节能够被看清楚，能让观众更加注重画面的细节。比如火柴被引燃的一瞬间，正常的播放速度下，肉眼是看不清引燃过程的，但是当播放速度足够慢时，观众是可以看清引燃过程的。所以，慢动作更适用于拍摄需要展示细节的场景。因为这些细节是我们经常忽略的，比如水滴从形成到滴落的过程，如图3.52所示，或杯子落地摔碎的过程等。

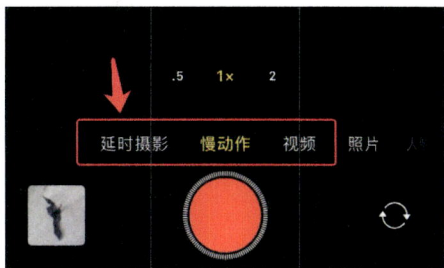

▲ 图 3.51

▶ 图 3.52

慢动作在电影中被称为"升格拍摄"。比如电影的标准帧数是24fps，如果用慢动作拍，可以选择240fps，这样1秒钟拍摄的视频被放慢至原来的10%，每一秒的帧数依然是24fps，画面被放慢了，但是并不会产生不连贯的情况。如果把帧数为24fps 的画面放慢至自身的10%，也就是 2.4fps，那个时候我们看到的画面就会呈现卡顿、不连贯的情况。

085

慢动作拍摄注意事项

1. 画面中要有持续运动的元素，短时间内运动即可，比如从房檐上落下的水滴。慢动作拍摄因为时间较短，所以不需要长时间变化的画面。

2. 适用于近距离拍摄细节和快速的变化。细节是容易被观众忽略的，一些快速的变化也容易被忽略，如果在视频中增加对细节和快速变化的展示，就能让视频更加丰富，也能起到调节视频节奏的作用。

3. 近距离拍摄要保证对焦准确，因为手机相机的镜头是定焦镜头，近距离拍摄时不容易对焦。手机相机的主摄像头的最小对焦距离一般为5厘米左右，拍摄距离太近则无法对焦，此时可以使用微距镜头。

4. 不同手机的型号，可以选择的慢动作倍数（帧数）不同。苹果手机只有两个选项，即120fps和240fps，部分安卓手机最高可以选择960fps。如果变化的速度很快，为了保证成片的清晰度，拍摄者在拍摄时应选择高帧数。

5. 拍摄小场景时，尽量使用三脚架或其他方法固定手机。因为拍摄小场景时，参照物在画面中比较明显，手机的轻微晃动会被清晰地呈现出来，导致画面不稳。拍摄大场景时可以不用三脚架，手持手机拍摄即可，因为在大场景中，手机的轻微晃动在速度被放慢后不容易被察觉。

6. 近距离拍摄要锁定对焦，因为距离太近对焦会不清晰，且手机相机会反复自动对焦。为了保证画面的清晰、稳定，建议使用锁定对焦。

慢动作适用于什么样的场景

慢动作可以有效地吸引观众的注意力，当视频中的动作速度突然变慢时，观众的注意力会更加集中，这也能增加观众观看视频的时间。如果是短视频，可以全篇采用慢动作镜头拍摄。但如果是长视频，则不能通篇都用慢动作镜头拍摄。仿佛朗读文章一样，长视频也要有抑扬顿挫和节奏，拍摄者可以通过不同速度的镜头的结合，让视频更具节奏感，不至于太过单一。

慢动作镜头适用于拍摄细节（滴水、火苗、物体破碎等），着重表现人物的动作（运动、舞蹈、夸张的肢体动作等），心理变化，表情神态（笑、哭、眨眼等），等等。如果视频内容较少，缺少素材，拍摄者也可以使用慢动作镜头来进行填充。

如何拍出
无缝衔接的转场效果

在一个视频中切换视频素材时，最简单的一种办法就是从一个画面直接切换到另一个画面，从一个场景转到另一个场景，这也是最常用的转场方法之一。但我们看到，很多视频中两个镜头的切换非常自然，感觉不出场景的变化，但实际上画面已经切换到了另一个场景。这其实是运用了一些转场技巧，从而让两个镜头无缝衔接，看起来像是一个镜头。

遮挡转场

遮挡转场是指当我们拍摄视频素材时，第一个镜头以一个物体遮挡镜头作为收尾，第二个镜头开头同样用一个物体遮挡镜头，然后移开物体继续拍摄。第一个镜头结束的时候用手盖住，画面变黑，第二个镜头开始的时候用手盖住，画面也是黑的。通过后期剪辑，把两个镜头黑屏的位置衔接在一起，黑屏前后的画面是两个不同的场景，通过黑屏完成转场，这就是简易的遮挡转场。

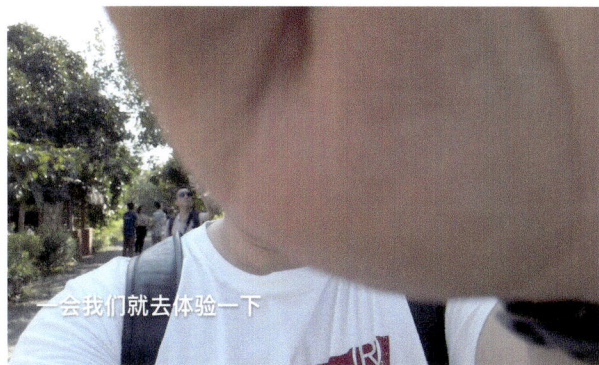

—会我们就去体验一下

◀图 3.53
遮挡物体可以是拍摄环境里的任何一个能挡住镜头的物体，比如手、墙、植物等，遮挡的目的是预留无缝衔接的过渡画面。但要注意，两个镜头中的遮挡效果要一致，比如要用石头遮挡就都用石头，要用植物遮挡就都用植物。在图3.53中，我用手盖住镜头，屏幕变黑，那么只有在第二个素材的开头也是用手遮挡镜头导致的黑屏才能实现无缝衔接。

运镜转场

　　运镜转场是指利用运镜的速度变化进行转场，从而让视频更有动感和节奏感，也能为视频添加炫酷的视觉效果。拍摄的过程中，在一个镜头的结尾快速移动手机即可实现运镜转场，移动方向没有严格的规定。比如在第一个镜头的结尾从左向右快速移动手机，让视频画面变模糊；在第二个镜头的开头从左向右快速移动手机，然后停住继续拍摄。这样，两个素材可以通过向同一个方向快速运镜进行衔接。

▲ 图 3.54

虽然运镜转场不像遮挡转场那样，用同样的黑屏效果衔接，但是因为转场时运镜速度快，画面会模糊，两个模糊的画面衔接在一起会比较自然，而且运镜转场的时间很短，也不会出现穿帮的情况。

第四章

手机也能轻松剪辑 **Chapter**
视频大片 **Four**

快速入门，
5个手机剪辑软件

剪映

剪映软件于2019年上线，是抖音官方出品的视频剪辑软件。随着抖音用户量的增多，很多人希望自己也能够制作、剪辑短视频，于是抖音官方出品了剪映这一视频剪辑软件。剪映的图标如图4.1所示。剪映简单实用、模板丰富，抖音上近期流行的音乐、风格，在剪映上都可以找得到。而且剪映整体的界面设计简单，容易上手，功能丰富，能够满足大多数人日常的视频剪辑需求。剪映中没有收费项目，苹果手机可以免费下载和使用，并且剪辑后的视频可以一键分享到抖音。

▲ 图 4.1

打开剪映，可以看到其界面分为3个区域，如图4.2所示。

1. 创作区。如果要剪辑视频，点击"开始创作"即可进入剪辑界面。

2. 草稿箱。以前剪辑过的视频都会显示在这个位置，我们可以对以前剪辑过的视频重新剪辑，也可以删除、复制。但要注意，手机里的原始素材不能删除，如果原始素材被删除了，我们就不能进行剪辑操作。此外，剪辑过的视频都会保存在草稿箱中，会占用较多的手机内存空间，如果没有二次剪辑的需求，我们可以删除草稿箱中的视频。

3. 功能区。它位于界面最下面，我们可以从中选择不同的功能。

▲ 图 4.2

图4.3（a）为"剪同款"界面，此
界面中有很多现成的模板，界面上方为视
频的不同风格的分类，下方为成品视频，
点击即可查看模板。选择自己需要的模
板，在查看模板界面中点击右下角的"剪
同款"即可开始剪辑，如图4.3（b）所
示。要注意此界面左下角的信息，看看模
板里的文字是否可以修改，再看看需要几
个素材，是否满足你的需求。比如图中标
记"时长00：08"表示视频时长为8秒，
"片段2"表示只能上传2个素材。上传的
每一个素材的时长也是固定的。

▲ 图4.3（a）

▲ 图4.3（b）

图4.4（a）、图4.4（b）所示为"消息"和"我的"界面。用户可以创建自己的账号，把自己
剪辑的内容上传到"剪同款"区域，供别人使用。在"消息"界面中，用户可以查看评论、粉丝和
点赞等数据，具备一定的社交功能。

点击"开始创作"，进入图4.5所示的剪辑界面。在剪辑界面中，上方为效果展示区，用户可
以实时查看剪辑效果；中间为操作区，用户在这里可以进行剪辑、拼接等操作；最下方为功能区，
用户可以选择不同的功能进行下一步的剪辑操作。

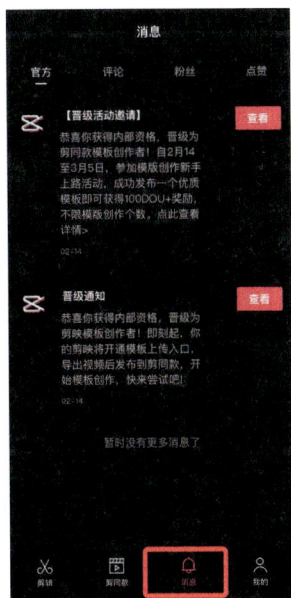

▲ 图4.4（a）

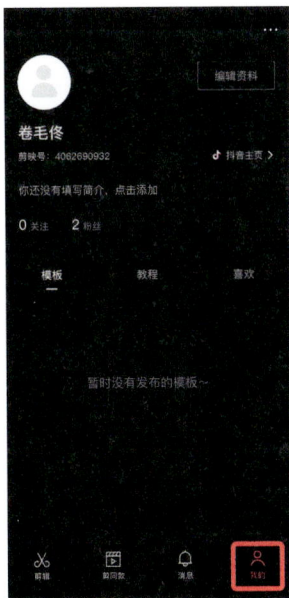

▲ 图4.4（b）

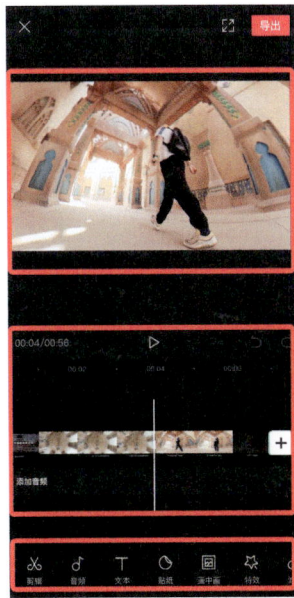

▲ 图4.5

快剪辑

快剪辑是360公司出品的一款视频剪辑软件，其图标如图4.6所示。这款软件支持苹果手机、安卓手机、电脑以及iPad等不同设备使用，用户既能在手机上快速剪辑，又能使用电脑、iPad等大屏幕设备进行剪辑，其满足了用户不同的需求。快剪辑的剪辑功能丰富，容易上手，操作门槛低，而且软件里有很多剪辑教程，可以帮助用户快速掌握软件的使用方法。

▲ 图4.6

打开软件，界面从上到下分为4个区域，如图4.7（a）所示。

1. 拍摄与剪辑区。这里可以进行视频的拍摄与剪辑。

2. 教程区。这里提供了非常多的软件使用教程以及剪辑效果，并用短视频的方式进行碎片化教学。

3. 模板区。这里提供了很多紧跟潮流的剪辑模板，用户可以使用现成的模板，上传素材直接生成视频。

4. 功能区。用户在这里可以选择进入草稿界面、创作界面以及个人主页。在个人主页中用户可以查看账号信息，以及在快剪辑上发布过的视频等数据，如图4.7（b）所示。

▲ 图4.7（a）

▲ 图4.7（b）

进入剪辑界面，如图4.8（a）所示，上方为展示区，用户可以实时查看剪辑效果；中间为功能区，用户可以在这里选择音量、变声、变速、躁点、快字幕等不同的功能；下部分为操作区，用户可以在这里进行视频的后期剪辑操作。快剪辑有一个很便利的功能，就是它能根据视频要发布的平台，自动调整视频的时长，如图4.8（b）所示。

快剪辑软件可以免费下载，但是部分功能的右上角有黄色VIP标志，表示该功能在付费后才能使用，包括去水印功能。快剪辑采用的是会员制，购买会员即可使用所有功能。

当视频剪辑完成后，点击剪辑界面右上角的红色"生成"按钮，会弹出选择清晰度界面，在这个界面中用户可以选择"原画质"，比如视频素材原本的分辨率为4K，则直接导出的视频分辨率也为4K；用户也可以选择"适合发抖音"，软件就会自动对视频进行压缩，这样视频文件占用的内存空间也会少很多；用户还可以根据自己的需求选择"自定义"，即自定义分辨率、码率，如图4.9所示。

▲ 图 4.8（a）

▲ 图 4.8（b）

▲ 图 4.9

巧影

巧影是一款专业的手机视频剪辑软件，其图标如图4.10所示。它是为数不多的横屏操作的剪辑软件，因而操作区域更大，使用体验较好。巧影的功能设置以及界面更像电脑上使用的视频剪辑软件，其功能也很全面，有大量的素材可以使用。对于有在电脑上剪辑视频经验的人来说，这款软件很容易上手。这款软件可以免费下载，大多数功能可以免费使用，但是部分素材的下载和水印去除功能，需要用户购买会员后才可以使用。

◀图4.10

打开软件，界面左侧为开始剪辑、软件设置以及跳转巧影和界面的入口，如图4.11所示。界面右侧为草稿箱，可以查看曾经剪辑过的视频，如果没有二次剪辑的需求，可以选择删除草稿箱中的文件，以释放手机内存。

▲图4.11

　　进入剪辑界面后，左侧为一些常用的基本操作功能，比如撤销上一步、后退等功能；中间的大图区域为展示区，用户可以实时查看剪辑效果，如图4.12（a）所示。界面下方为操作区，用户在这里可以进行视频的剪辑、拼接以及添加不同的音轨、字幕等操作。界面右上角的圆盘为功能区，剪辑视频需要的所有功能都可以在这里找到，比如添加音乐、视频、照片素材以及多图层的素材、文字、特效等。点击圆盘左下角的"商店"图标，用户可以在打开的界面中下载各种实用的素材，如图4.12（b）所示。

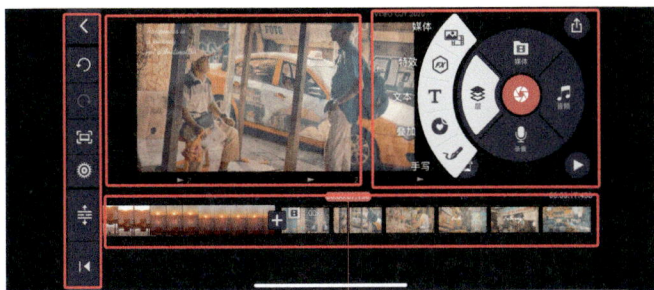

▲ 图 4.12（a）

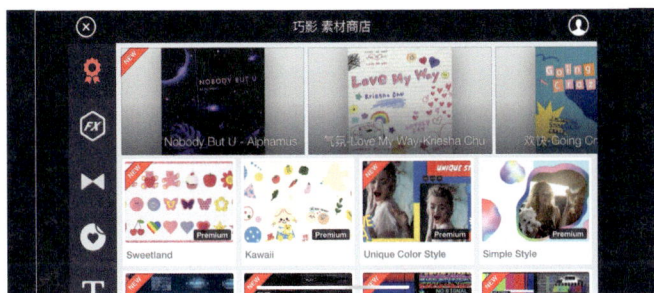

▲ 图 4.12（b）

　　剪辑完成后，点击剪辑界面右上角的箭头按钮生成视频。在"导出和分享"界面中，用户可以手动选择分辨率与帧率，建议选择1080p的分辨率，30fps或者60fps的帧率，以保证视频的清晰度。再点击"导出"按钮，即可生成视频。"导出和分享"界面右侧显示的是生成的视频文件，点击三角形"播放"按钮可查看视频的播放效果，如达到预期效果，再点击最右侧的箭头按钮即可将视频文件保存至手机相册，如图 4.13所示。

▲ 图 4.13

Videoleap

Videoleap是Enlight系列中的一款软件，此款软件曾荣获2017年App Store最佳应用，现在只有苹果手机和iPad可以下载这款软件使用，其图标如图4.14所示。这款软件是一个纯粹的剪辑软件，没有社交功能，也没有模板，一切都需要自己去创造。使用这款软件进行视频剪辑时，用户沉浸感较强，能专注于视频剪辑。这款软件整体的品质较高，一些特殊功能的使用有一定的难度。

▲图4.14

打开软件会发现，其界面构造很简单，如图4.15所示。界面左上角有3个按钮，从左到右依次为"购买会员""草稿箱""帮助"；界面中间的加号是剪辑界面的入口；界面下方为功能区，提供各种视频剪辑功能。这款软件的一个特点是具有关键帧功能，它也是比较早推出关键帧功能的手机视频剪辑软件。

进入剪辑界面，如图4.16（a）所示。界面上方为展示区，用户可以实时查看剪辑效果；中间为操作区，用户在这里可以进行各种剪辑操作。该软件中的大部分功能都是免费的，个别高级功能是收费的，如果使用了收费功能，界面右上角会出现"移除限制"的提示。在这种情况下，视频是无法保存的，付费后才可以保存。如果未使用收费功能，视频剪辑好后就可以正常保存，在保存界面还可以手动选择分辨率和每秒帧数，如图4.16（b）所示。

▲图4.15

▲图4.16（a）

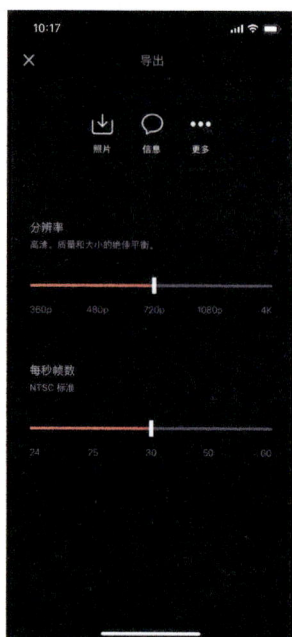

▲图4.16（b）

WIDE

WIDE是美图公司旗下的一款视频剪辑软件，其图标如图4.17所示。这款软件与前面介绍的软件不同，前面介绍的都是综合性的视频剪辑软件，而这款软件是专注于制作电影风格视频的剪辑软件。它内设了很多电影独白、配乐以及电影风格的视频效果和滤镜，使用户能制作出许多有特色的视频。

▲ 图 4.17

这款软件需要用户注册账号，登录后才可以使用，用户可以用自己的社交媒体账号或者手机号注册，如图4.18（a）所示。该软件的剪辑界面如图4.18（b）所示。界面很简单，界面正中间是拍摄镜头，可以直接使用软件拍摄视频；界面上方有添加现有素材、选择电影风格的滤镜以及开启视频美颜等功能，还能够切换前、后置摄像头；界面右侧为拍摄和电影特效选择；界面下方的黄色线条表示已经上传的视频，这款软件可以上传多个视频进行剪辑；界面右下角为删除图标，左下角为"添加旁白"按钮。

▶ 图 4.18（a）

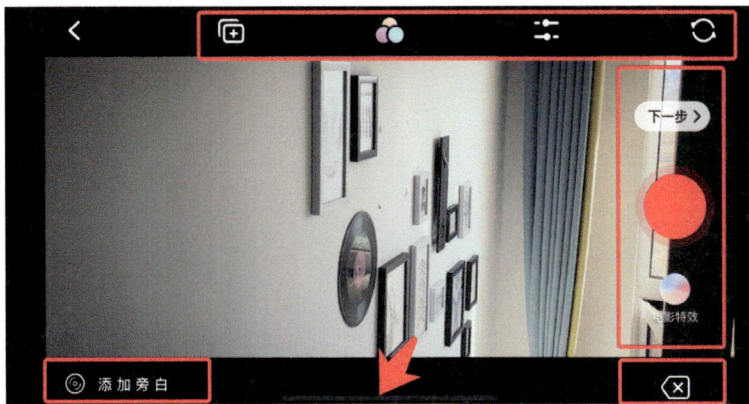

▶ 图 4.18（b）

旁白界面中提供了很多风格的配音，用户可以根据视频的风格自由选择，在旁白界面左侧可以看到旁白的内容，如图4.19所示。

▲ 图 4.19

用户可以选择将剪辑好的视频发布到某个平台上并保存在手机相册中，但是这样发布的视频是有水印的。如果想要发布无水印的视频，用户在发布保存视频之后，会出现如图4.20所示的界面，在上边的一排分享图标中，选择第三个图标，就会自动生成无水印的视频。

▲ 图 4.20

App经常迭代更新，软件的图标、功能等都有可能发生变化。各位在下载的时候，请以App名称为准。

手机的视频剪辑软件很多，为满足不同读者的需求，我在接下来的剪辑实操部分使用了几款不同的软件并进行讲解。但是大家不必担心，视频剪辑软件的操作逻辑和大部分功能是相通的。

如何用手机快速剪辑短视频

（使用快剪辑软件）

视频的导入与拼接

最简单的一种剪辑方法就是把多个视频素材拼接在一起，让视频看起来没有"一镜到底"的单调感觉。一个完整的视频需要有多个镜头、多个角度的不同内容。

打开快剪辑软件，在首页右上方点击"剪辑"按钮，如图4.21所示。在手机相册里选择拍好的视频素材，点击视频素材右上角的"双箭头"图标可以观看视频素材。注意，每次导入的视频素材最多是8个，如果有多个视频素材需要导入，可以分批次导入，如图4.22（a）所示。

视频素材导入后，进入视频剪辑界面，在下方的"操作区"中可以看到刚导入的视频素材，视频素材会根据选择的顺序排列。用户可左右滑动导入的视频素材进行查看。如果用户想要调整视频素材的位置，点击想要移动的视频素材[图4.22（b）中箭头指的位置]，该视频素材周围会出现一个黄色的边框。按住该视频素材左右拖动即可调整其位置，到此，我们已经完成了视频素材的初步拼接。

▲ 图 4.21

▲ 图 4.22（a）

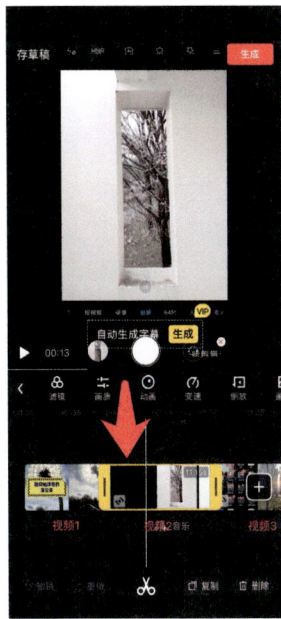

▲ 图 4.22（b）

调整视频长度

视频素材并不能全部都保留在视频中，因为在很多时候，一个视频素材的开头和结尾通常是用不了的。比如在开始拍摄时手机可能会有轻微的晃动，所以我们只要保留其中的一部分精华内容即可，对于1分钟的视频素材，我们可能只会截取其中的3秒。很多初学者都会犯一个错误，即视频时长太长，没用的镜头太多，导致成片时长过长，让人看不下去。

要想剪掉导入的视频素材中的多余部分，有两个方法。第一个方法是先预览视频，确定要保留的部分，然后左右拖动视频素材，把中间"剪刀"图标上方的白线移到要剪开的位置，点击"剪刀"图标，视频就会被"剪开"，然后点击不想保留的部分，再点击右下角的"删除"按钮即可，如图4.23所示。

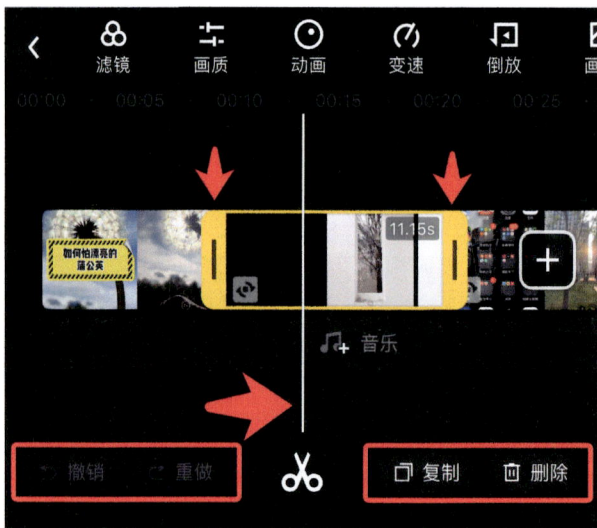

▲ 图 4.23

第二个办法是点击要剪辑的视频素材，当视频素材四周出现黄色边框的时候，用手按住视频素材左边或者右边的黄色边框并向左右拖动，即可调整想要保留的部分。但要注意，剪辑完之后要预览视频，看看是否将想要的内容都保留了下来，再进行下一步操作。

如果剪辑有误，想重新剪辑，点击左下角的"撤销"或"重做"按钮即可。

视频的保存与导出

当视频剪辑完成后，点击右上角的"生成"按钮可以进行视频的保存和导出。点击"生成"按钮之后，会弹出选择清晰度的界面，如图4.24（a）所示，用户可以根据自己的需求选择不同的分辨率。现在大多数的短视频平台对视频分辨率的最低要求是720P，所以在保存和导出视频时应尽量选择720P或1080P的分辨率。在导出的过程中不能关闭手机，也不能退出App。请耐心等待视频生成，视频的内容越多，导出所需的时间越久。如果在导出的过程中发现还有其他的效果想添加，可以点击左上角的"关闭"按钮，停止导出，回到剪辑界面继续剪辑，如图4.24（b）所示。

▲图4.24（a）

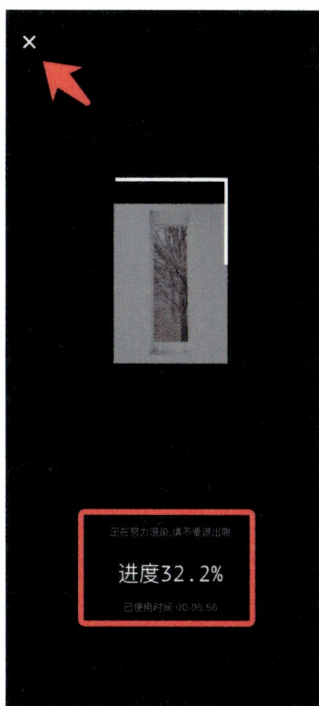

▲图4.24（b）

选择合适的音乐，
让视频更有魅力

短视频的传播并不能仅依靠视频的内容，合适的音乐也是非常重要的，因为短视频给人带来的是视觉和听觉等多方面的感官感受。一个短视频被打开后，观众即使没有看到感兴趣的内容，但听到熟悉的音乐，观众也有可能会看完视频。

确定音乐风格

音乐能够衬托视频的氛围，激昂、快节奏的音乐能让视频更有冲击力，温柔、舒缓的音乐则可以让视频更有代入感。回想一下在看电影时，一些重要的镜头通常都会配上背景音乐，从而让观众能通过画面和音乐快速地融入情境。

我们在剪辑短视频的时候，要根据短视频的内容来选择合适的音乐，才能锦上添花。音乐会影响观众观看视频时的感受，不同的音乐适合不同类型的视频。舒缓的音乐适合文艺风格的视频，比如风光类、旅行类、个人叙述类的视频。节奏感强的音乐适合大场面、大场景的视频，比如自然风光、延时摄影，或者突出个人情绪等类型的视频。

有歌词的音乐能加强观众的代入感，也能使视频具有电影质感。

但是选择音乐时有以下几点需要注意。

1. 视频中如果有人声，背景音乐就尽量选择纯音乐。因为歌声容易和人声混合，造成干扰。

2. 注意背景音乐的音量，背景音乐不能盖过人声，因为音乐只是起辅助作用。

3. 如果视频比较长，要注意音乐长度与视频时长相匹配，不要视频时长为1分钟，而音乐只有50秒，如果音乐时长太长，则要裁去多余的部分。

搜索音乐

短视频使用的音乐都是比较短的音乐片段，如果是在抖音上听到的音乐，可以直接点击视频右下角的按钮收藏该音乐片段。在使用剪映软件剪辑视频时，用户可以直接调取在抖音上收藏的音乐，非常方便。

如果听到一首歌的一部分，想知道歌名或想寻找完整版的歌曲，大家可以尝试以下几种方式。

使用微信的"摇一摇"功能。

播放音乐，打开手机微信，点击"发现"，点击"摇一摇"，点击"歌曲"，摇晃手机，手机即可自动识别歌曲，为用户找到完整版的音乐，如图4.25所示。

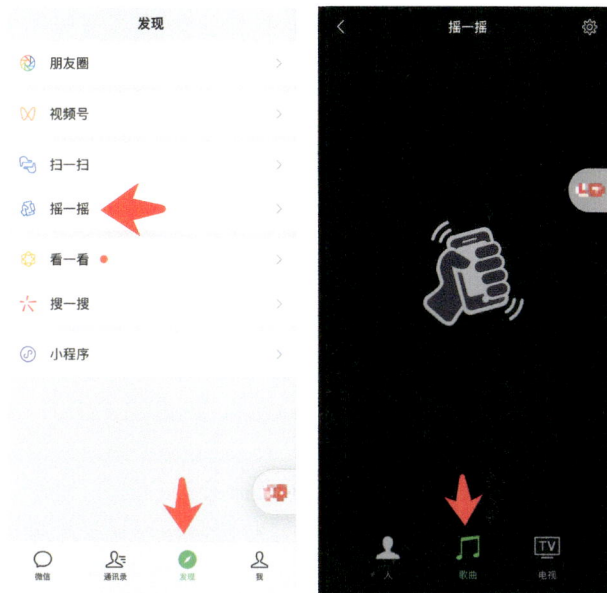

▲ 图 4.25

▲ 图 4.26

使用电脑软件"酷狗音乐"。点击搜索框右边的"话筒"按钮，如图 4.26 所示，也可以自动识别播放的音乐，其功能类似于微信的"摇一摇"。

如果要寻找音乐素材，可以在网易云音乐软件中搜索相关的关键词，比如BGM、影视音乐、延时摄影、抖音歌曲等。点击"歌单"，用户会搜索出很多整理好的歌单，如图4.27所示。歌单中有大量适合剪辑视频的音乐，可以免费下载使用，但是要注意版权，而且部分音乐的下载需要付费。

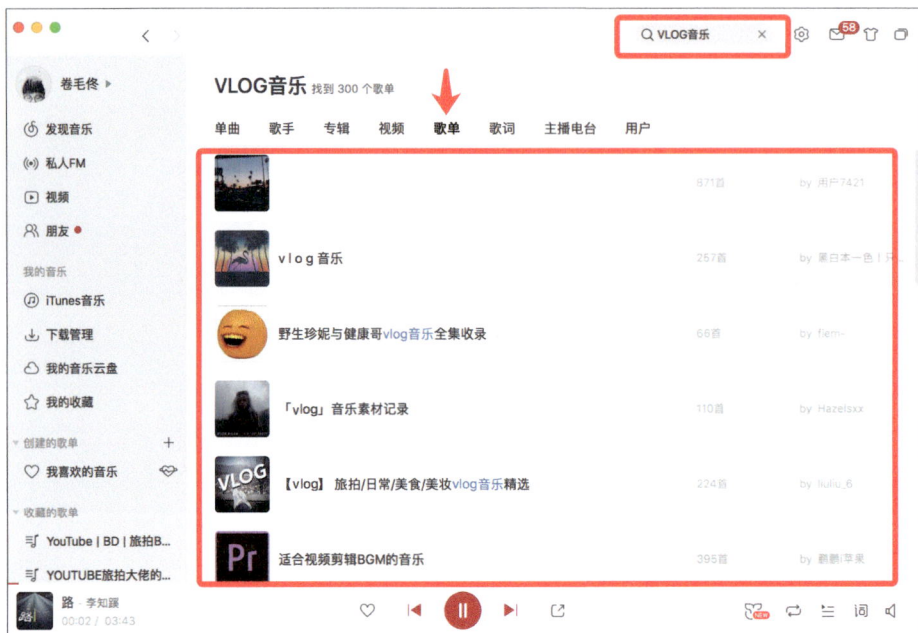

▲ 图 4.27

为视频添加音乐

（使用剪映软件）

打开剪映软件，导入想要剪辑的视频素材。在视频轨道下方有"+添加音频"按钮，在最下方的功能区中也有"音频"选项，如图4.28所示。点击任意一个都可以进入添加音乐界面，此处点击下方功能区中的"音频"，再点击"音乐"，进入添加音乐界面。

▶ 图 4.28

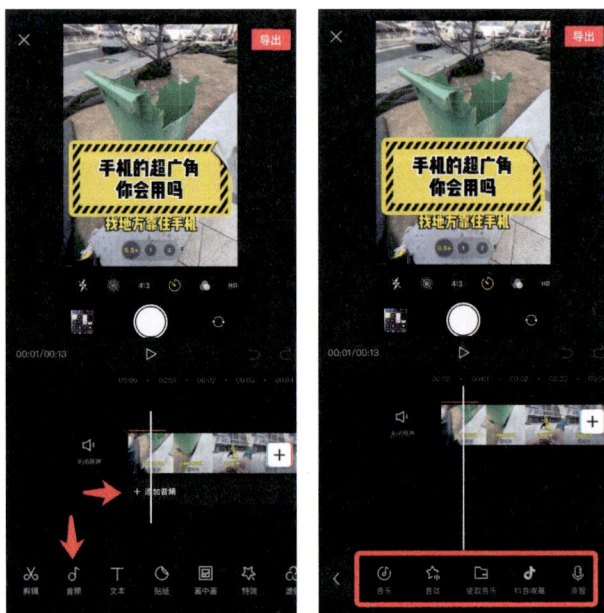

在添加音乐界面（见图4.29）中，上方为音乐风格分类区，用户可以根据自己视频的风格选择相应的音乐；下方为音乐导入区，在"推荐音乐"中，用户点击音乐后方的五角星图标，可以收藏音乐，方便以后再次使用；点击红色"使用"按钮，即可在视频中添加该音乐。

图4.30所示的蓝色波纹为"音轨"。点击音轨部分，用户可以对音乐进行编辑，包括调整音量、变速、变声、复制、删除等。如果音乐时间比视频时长更长，用户可以把音轨上的白线放在视频末尾处，剪开音轨文件，然后删除后面多余的部分即可，如图4.30所示。具体的剪辑方法与视频剪辑方法相同。

在"导入音乐"中有多种导入方式，方便用户对不同来源的音乐进行导入。如果用户使用自己的抖音账号登录剪映，其在抖音上收藏的音乐，可以在"抖音收藏"里一键导入。"导入音乐"里有3种导入方式，如图4.31所示。

1. 链接下载。用户可以在其他音乐App上复制音乐链接，粘贴到地址框中，点击地址框右边的箭头进行解析，如图4.32所示，解析成功后，点击"使用"按钮即可添加音乐。

▲ 图4.29

▲ 图4.30

▲ 图4.31

▲ 图4.32

2. 提取音乐。用户可以从手机相册中提取其他视频的声音。点击提取音乐按钮，弹出视频页面，选择想要提取声音的视频，点击下方红色的"仅导入视频的声音"按钮即可，如图4.33所示。

3. 本地音乐。用户可以从手机里直接导入存储在手机中的音频文件，如图4.34所示。但用户要提前把要使用的音频文件导入手机，手机型号不同，导入的方法也不同。

▲图 4.33　　　　　　　▲图 4.34

使用音效增加综艺效果

音效是指一些环境、器械、人声等时长很短的声音效果，并不是音乐。常见的音效有人群的笑声、掌声、相机快门声、打字机声、雨声、雷声等。这些音效的时长往往只有1~3秒，将其添加到视频中能够增加视频的趣味和综艺效果。综艺节目就经常会使用各种音效调节气氛。

打开软件，点击下方工具栏的"音频"，进入添加音乐界面，点击"音乐"右侧的"音效"，如图4.35（a）所示。"音效"界面中有很多音效，用户可以根据自己视频的风格选择不同的音效，如图4.35（b）所示。

选好音效后，剪辑界面中会出现一个蓝色的音轨，音效虽然时长很短，但用户依然可以调整其长短、速度、声音大小，如图4.36所示。按住蓝色的音轨，可以将音效素材左右移动。音效一般放置在要强调某个内容、关键词、表情神态或者剧情反转的位置，也可以放置在转场处，以丰富转场的效果。而且在镜头转场处配上音效，视频会更有节奏感和动感。

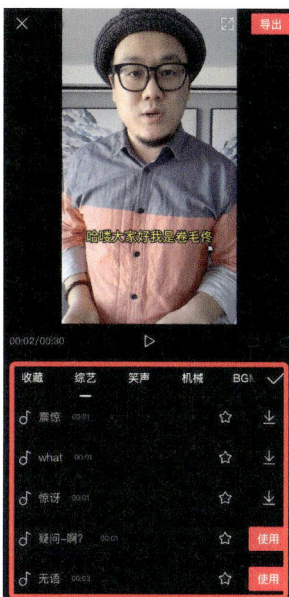

▲ 图 4.35（a）　　　　　　　▲ 图 4.35（b）　　　　　　　▲ 图 4.36

为视频配音

　　为视频配音是很常见的需求，往往是在原有的素材上，通过配音来增添辅助信息，在功能性视频、教程类视频等视频中较为常见。如果视频中没有真人出镜时的同期声，就需要进行后期配音。一些文艺风格的视频也可以通过配音来增加一些符合情景的旁白，从而增强视频的观赏性。

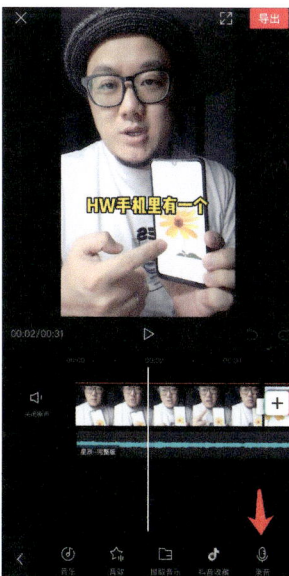

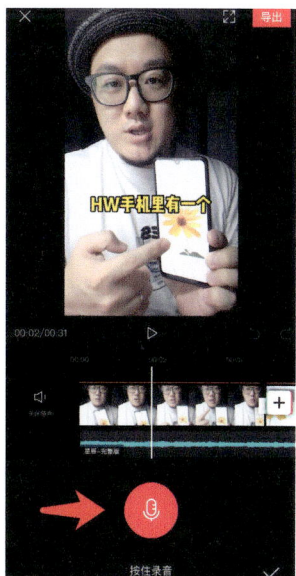

▲ 图 4.37

打开剪映软件，点击下方"音频"，再点击下方最右侧的"录音"，会弹出一个红色麦克风按钮，按住该按钮即可开始录音。

107

录制好的配音在剪辑界面中一般是绿色的音轨，对它进行操作的方法和剪辑音乐素材的方法相同，用户可以把它看作一段音乐素材，从而对其进行音量、淡化、分割、变声、删除等操作，如图4.38所示。

如果需要加入其他视频中的配音，比如电视剧中人物的对白、诗词朗诵等，可以使用前文讲到的导入视频的声音的方法进行操作，或使用前文所推荐的WIDE软件快速添加。

▲ 图 4.38

制作卡点视频

卡点视频是近两年很火的一种视频形式，它的特点是制作简单，可以给多张照片加上音乐合成一条卡点视频，也可以使用视频素材配合音乐制作有较强视觉冲击力的卡点视频。制作卡点视频需要重点注意音乐的节奏，音乐的鼓点或者重音需要非常明显。

前文所介绍的软件和抖音App中都自带很多卡点模板，用户使用起来十分方便。这些卡点模板具有固定的效果和固定的音乐，用户只需要上传现有视频或者照片素材即可自动生成有较强视觉冲击力的卡点视频。

如果我们想用自己选择的音乐来制作卡点视频，应该如何操作呢？我们需要用到剪映中的"踩点"功能。

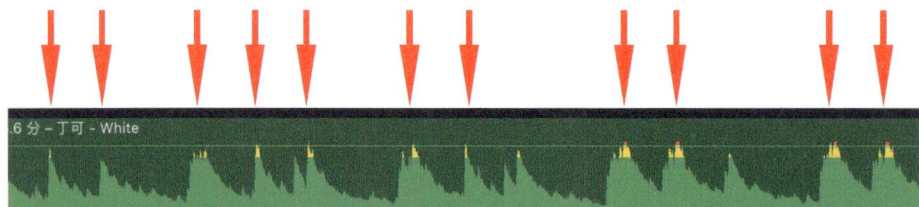

▲ 图 4.39

我们先来了解一下何为音乐的节奏感。图4.39所示是一段音乐的声波图，音乐的声波就像一段连绵不绝的山峰，红色箭头指的地方是波峰，也就是我们听音乐时的重音位置或者鼓点位置。那我们在制作卡点视频的时候，就需要在波峰的位置进行"踩点"。"踩点"起到标记的作用，让我们知道在这里应该进行视频或者照片等素材的切换。

如果我们要自己进行"踩点"，可以点击操作区中的音乐素材，再点击下方的"踩点"按钮，如图4.40（a）所示。进入踩点页面后可以选择"自动踩点"，这里有两种踩点节拍可以选择：节拍I的节奏较缓慢，踩点之间的时间间隔较长；节拍II的节奏更快，踩点之间的时间间隔更短，如图4.40（b）、图4.40（c）所示。

▲ 图4.40（a）

▲ 图4.40（b）

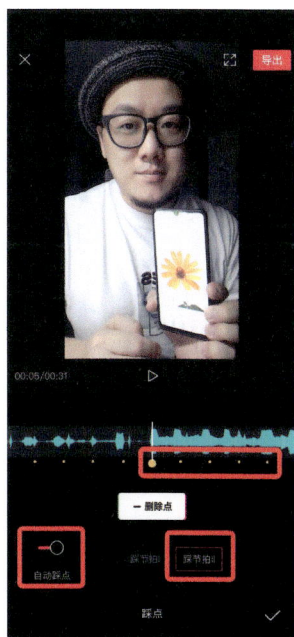

▲ 图4.40（c）

手动踩点时我们可以左右拖动蓝色的音轨，选择波峰位置，点击"添加点"按钮，如图4.41（a）所示。如果有的位置踩点不准确，可以把音轨上的白线移动到踩点位置，黄色的点会变大，点击"删除点"按钮即可删除这个点，如图4.41（b）所示。

　　当踩点完成之后，返回剪辑页面，我们可以看到在蓝色音轨下方出现了黄色的点，这就是刚才标记的点位。接下来我们就需要在这个点位进行视频或照片素材的切换。图4.42中有3个视频素材，调整视频素材，使两个视频素材的拼接处和下方黄色点在一条线上，如图4.42所示，这样一个卡点视频就制作完成了。我们应根据音乐的长短以及点位的多少来决定使用多少视频素材。

▲图 4.41（a）

▲图 4.41（b）

▲图 4.42

110

如何为视频
添加字幕和封面

视频中的字幕

　　字幕是视频为了传达内容所使用的一种辅助工具。现在的观众多使用手机观看视频，因为观众观看视频的场景不确定，在一些场景里，观众可能无法听清视频中的声音，或者在视频中要突出一些专业词汇、地名、产品名等需要特殊强调的词汇时，就需要一些字幕来辅助观众了解视频内容，这也能起到加深观众印象的作用。

▲图 4.43

最常见的一种字幕形式是为视频旁白或者自述的内容配上同步字幕。这种字幕一般位于视频的下方，内容与视频中的旁白内容相同，可以辅助展示描述的内容。

111

◀图 4.44

图 4.44 中所示的"手机摄影师"是视频主角身份的辅助信息，这个字幕的主要作用是增加观众对主角的了解，加深观众对其的印象。视频中可以有清晰简单的词语来描述、介绍视频主角的姓名、身份等重要信息。

◀图 4.45

图 4.45 所示的"环绕拍摄"是关键信息。如果需要展示视频中的某个细节，或者需要特别突出视频中的某个内容，我们可以用字幕的形式，展示出相应的关键信息。

◀图 4.46

图 4.46 所示的视频封面信息可以直观展示本视频的内容和定位，让观众直观地了解视频的重要信息，也会起到点题和吸引观众的作用。

添加关键词字幕

（使用剪映软件）

剪映软件可以自动识别语音以添加字幕，但是有些关键词需要手动添加。打开软件，导入视频，在界面下方的功能区选择"文本"，点击"新建文本"，即可手动输入关键词，如图4.47所示。

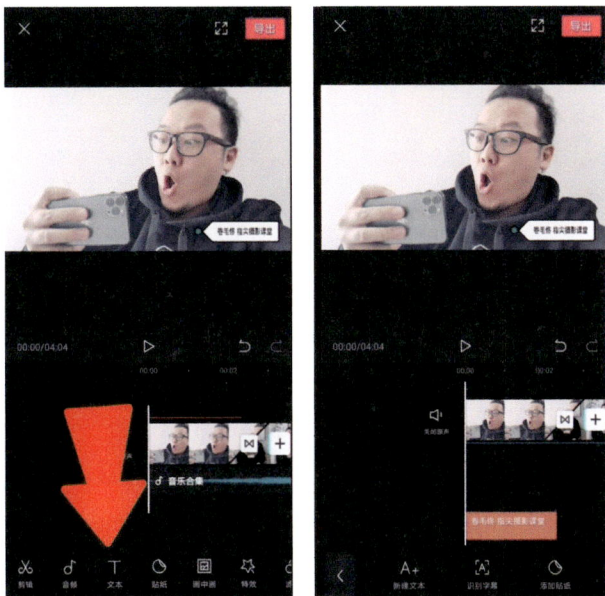

▲ 图 4.47

输入文字后，可以按住屏幕上的文字，将其移至合适的位置，按住屏幕上的文字，两指张开，并拢可调整其大小。在界面下方的"样式"选项中我们可以调整文字效果，包括样式、颜色、阴影效果、字间距等，还可以调整透明度，如图4.48所示。

在"花字"选项中，我们可以选择不同效果、不同颜色、不同风格的花字，如图4.49所示。点击不同的花字，我们可以在上方的屏幕中实时看到文字效果。我们应结合视频的风格以及画面的色调来选择合适的花字。

▲ 图 4.48

▲ 图 4.49

113

"气泡"选项中提供了很多现成的文字气泡，这些气泡有很多的风格和颜色，如图4.50所示。点击气泡可以为关键词字幕加上一个气泡背景，能起到加强效果、突出关键词的作用，让关键词更清晰地展示出来，从而增强画面的趣味性。

点击最右侧的"动画"选项可以为字幕添加动画效果，让文字动起来，包括渐显、缩小、放大、向右滑动等十几种不同的效果，如图4.51所示。在"动画"选项中还能为字幕添加动画。入场动画即文字出现时的效果，比如飞入、旋转进入、放大进入等；出场动画为文字消失时的效果；循环动画为文字在屏幕上持续展现时的效果。

剪映软件中还提供了很多现成的具有综艺风格的文字效果，点击"文本"按钮后，选择最右侧的"添加贴纸"，然后我们根据内容需求选择现成的贴纸即可。但是我们不能修改贴纸的内容，只能调整其大小，如图4.52所示。

▲ 图 4.50

▲ 图 4.51

▲ 图 4.52

自动识别字幕

关键词字幕因为字很少，可以手动输入。如果想要给全部视频内容配上字幕，手动输入的工作量非常大，此时我们可以使用剪映软件提供的自动识别语音、生成字幕的功能。

在剪映软件中导入视频，视频必须有人声或者有后期配音，然后点击"文本"，再选择"识别字幕"，如图4.53（a）所示，剪映软件就会开始识别字幕，如图4.53（b）所示。视频时长不同，识别字幕所需的时间也不同，但一般只需几秒或者十几秒就能够完成识别。识别完成后，操作区下方就会多出一条土黄色的字幕轨道，上方展示区中也会出现字幕，如图4.53（c）所示。

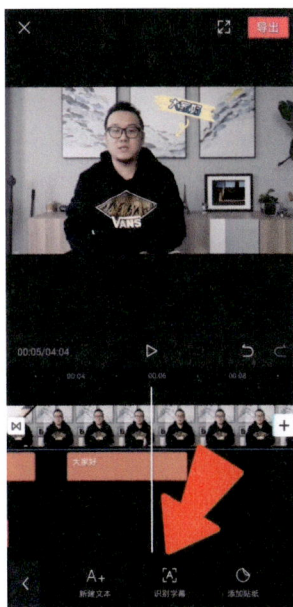

▲ 图 4.53（a）

▲ 图 4.53（b）

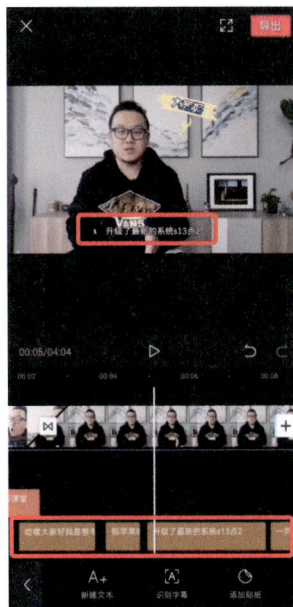

▲ 图 4.53（c）

如果人物说的是标准普通话，剪映软件识别字幕的准确度能达到95%；如果人物口音严重、吐字不清或者说了一些特殊字、生僻字，就会出现识别错误的情况。如果要修改字幕，我们可以点击操作区中相应的文字，再点击展示区中字幕右上角的铅笔图标，或者双击展示区中的字幕，进入修改界面，修改界面中的字幕修改方法与前文讲到的修改字幕的方法相同，如图4.54所示。

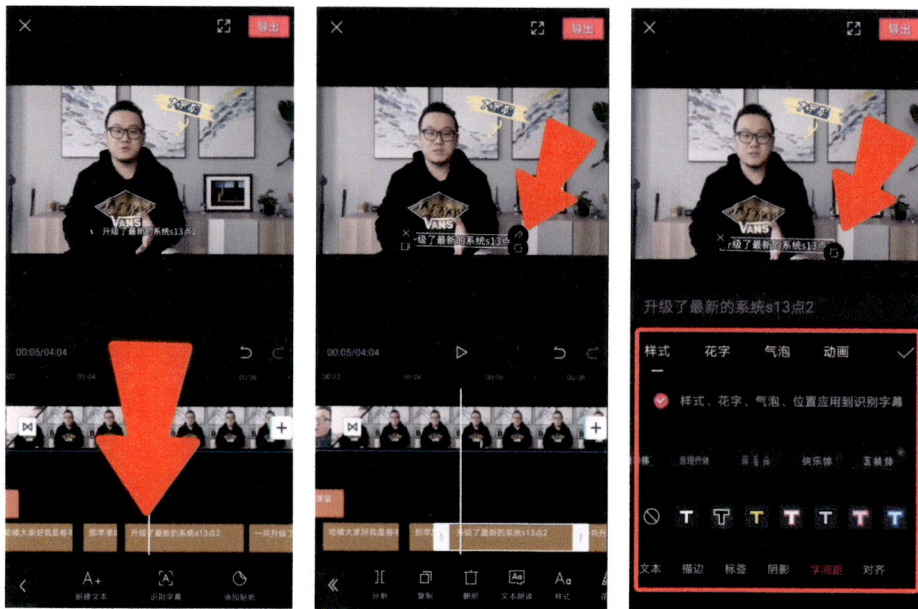

▲ 图 4.54

如果视频中人物的语速过快，或者一句话过长，软件识别出来的字幕中可能会有很多字。如果想放大字幕，就会有一部分文字无法在展示区中显示出来，此时我们可以把一句话切割成两句话。在操作区剪辑要切割的字幕，把字幕上的白线移动到要切割的位置，点击下方的"分割"按钮，此时一段字幕就被分隔成两段，但是这两段字幕可能存在相同的内容，因此，我们需要删除多余的文字，具体操作方法与前文讲到的文字编辑方法相同，如图4.55所示。

▶ 图 4.55

116

添加歌曲字幕

如果视频中没有旁白但是配了音乐，我们可以添加歌曲字幕以提高视频的美观度，具体操作方法也很简单。首先，把视频导入软件，添加音乐后点击"文本"，再选择"识别歌词"，软件就会开始自动识别歌词，但是剪映目前仅能支持国语歌曲歌词的识别，外语歌曲、方言歌曲等还无法精准识别。修改歌曲字幕的操作方法与前文讲到的字幕修改方法相同，如图4.56所示。

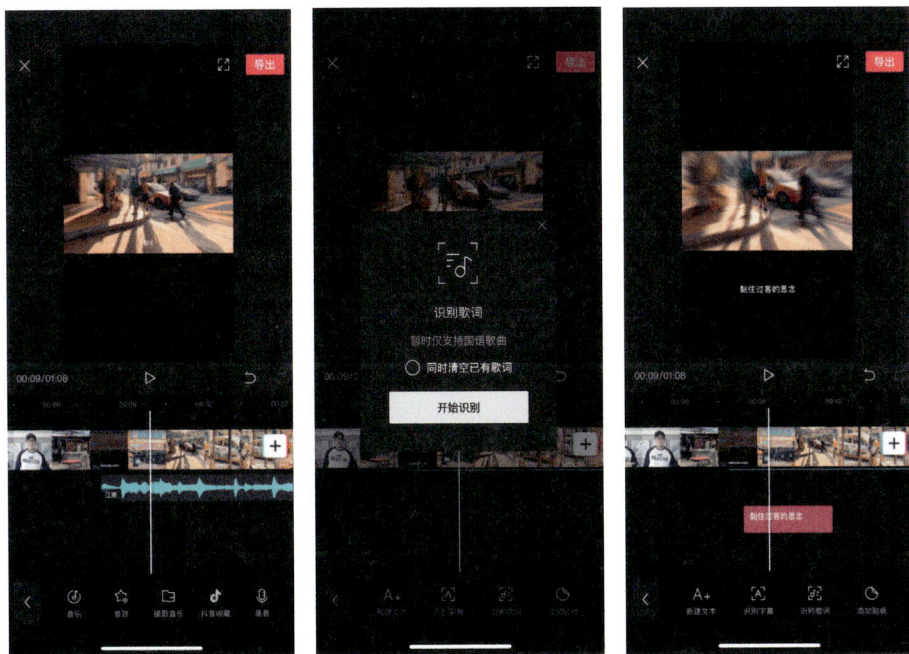

▲ 图 4.56

117

用好转场和特效，
让视频不再单调

转场的作用

一个视频的效果好坏不仅仅取决于拍摄的质量，还取决视频制作的质量。初级入门者只是用镜头记录直观的感官效果，把几个视频素材拼接在一起，即成为一个完整的视频，但是这样的视频中的情感表达过于直白，缺乏深意。因此我们在剪辑视频时，还要考虑每个镜头之间的转场效果。从一个场景转换到另一个场景的过渡效果就是转场。

常见的转场效果有淡入淡出、推进拉远、划入划出、叠加溶解等。为视频使用不同的转场效果能给观众带来不同的视觉感受。

在软件中导入多个视频，在操作区中两个视频的衔接处会有一个"＋"，点击加号即可添加转场效果，如图4.57（a）所示。转场效果选择界面中有几种不同的风格可供选择，点击其中某种转场效果，我们可以在展示区中实时看到转场效果。以淡入淡出为例，我们能看到展示区中的人像是一个重影的状态，如图4.57（b）所示。淡入淡出是指在转场的时候，前后两个画面不消失且同时存在，但是两个画面的透明度会降低，从而会产生重影的效果。这种转场方式会使视频衔接得更加自然连贯，不至于过于生硬。

点击转场效果下方的"点击调节"按钮可以对转场效果的时长进行调整，按住红色圆形滑块左右滑动可调节转场效果的持续时间，滑块中间的数字代表秒数。如果视频中有很多转场，且都想使用同一个转场效果，可以点击下方的"应用到全部"，如图4.57（c）所示。

▲图4.57（a）　　　▲图4.57（b）　　　▲图4.57（c）

使用特效增强视频的趣味性

为视频添加特效能提升视频的美观度，比如光效、分屏、动感等特效。

打开软件，导入视频，把视频轨道上的白线移动到需要添加视频特效的位置，点击功能区中的"特效"按钮即可进入特效选择界面。界面中有不同类别的特效，点击某一特效后我们可以在展示区查看特效效果。如果是横版视频，我们可以选择"开幕"效果；如果是竖版视频，我们可以选择"开幕Ⅱ"效果；如果是户外风光类型视频，我们可以选择一些效果自然的光效，增加画面的层次感；如果是运动类视频，我们可以尝试一些动感类的特效或者分屏特效，如图4.58所示。

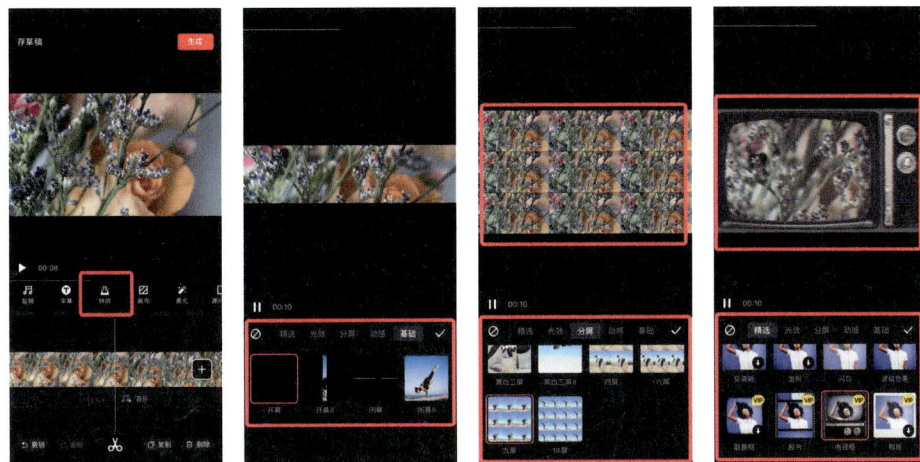

▲ 图 4.58

在视频编辑界面，视频轨道上方为特效轨道，蓝色部分即为添加的特效，如图4.59所示。特效的持续时间可以手动调整。点击蓝色特效最右侧的位置，向右拖动即可调节特效的持续时间。蓝色特效最右侧上方的数字即特效的持续时间。

▶ 图 4.59

119

学会调色，
短视频也能拍出电影风

照片需要通过后期调色来增强画面的质感和视觉冲击力，视频也是一样。对视频而言，前期拍摄固然重要，但后期调色也是不可缺少的环节。用手机为视频调色，无论是使用手机自带的功能还是使用第三方软件，在手机上能调整的部分都相对较少，不会像电脑软件一样能进行内容丰富的调色，但是对普通用户和一些爱好者来说，用手机为视频调色已经够用了。

使用手机自带的功能为视频调色

随着手机的功能越来越丰富，现在部分型号的手机自带的功能已经能完成基本的视频调色，使用其自带的功能为视频调色。

苹果手机

使用苹果手机为视频调色时，苹果手机系统应为iOS 13以上的版本。

▲ 图4.60

◀ 图 4.60（续）

在相册中选择一个视频，点击"编辑"按钮，在屏幕右侧可以看到编辑选项，如图 4.60 所示。点击中间的两个图标，我们可以对视频的颜色进行调整，比如点击第二个图标可以调整曝光度、对比度、亮度、色温等。如果我们掌握不好调节时的参数，可以点击 3 个圆圈重叠的图标，直接使用滤镜。选择不同的滤镜后，滑动屏幕右侧的刻度，可以调整滤镜的程度。

◀ 图 4.61

图 4.61 所示为调色前后的对比效果，拍摄花卉植物一般要突出温馨柔和的感觉，所以整体色调被调整为偏黄的暖色调。

121

使用软件进行高级调色

（使用快剪辑软件）

打开软件，导入视频，功能区中的"滤镜"和"画质"两个功能是可以用来调色的，如图4.62所示。"画质"功能与其他软件操作的功能相似，操作方法也相似。

在为视频调色的过程中，我们并不会使用软件的所有功能，我们首先要了解调色的目的，然后根据调色目的使用相应的功能。

1.调整画面色调，让画面与内容风格更相符，比如电影风格、温馨风格、冷酷风格等。

2.调整画面清晰度，通过锐度、对比度加强画面的明暗对比，让视频更有立体感。

3.调整画面亮度，不同拍摄环境的光线不同，因此，我们通过调整亮度让画面更加清晰。

▲ 图 4.62

通过调整"对比度"和"锐度",我们可以增加画面的明暗对比和细节清晰度,让画面更加清晰,提高画面的真实度,如图4.63所示。但是,画面中如果有明显的明暗对比,调整的参数不应设置得太高,以防止失真。在调整的过程中,我们可以随时在展示区中查看效果。

利用"饱和度""鲜艳度""色温"等功能我们可以对视频的颜色进行调整,如图4.64所示。增加饱和度可以让视频中的颜色更加鲜艳,但不要把饱和度调得过高,防止失真;降低饱和度会让画面颜色变淡。鲜艳度需要微调,这样在调整的时候,颜色变化的范围会比较小。色温可以改变色彩的温度,向右滑动色温滑块增加色温值,使视频画面颜色偏黄,色调变暖;向左滑动色温滑块减少色温值,可使视频画面颜色偏蓝,色调变冷。

▲ 图 4.63　　　　　　　　　　　　　　　　　▲ 图 4.64

在调整参数中，调整"亮度"和"曝光"能提高亮度或者降低画面的亮度，如图4.65所示。那二者有什么区别呢？最简单的一个区别是，从效果来看，调整曝光对照片的影响比调整亮度的影响更明显，变化程度更大。在图4.65中，针对同一张照片进行了亮度和曝光的调节，在展示区中能明显看出，曝光数值调到最大后，整个画面过曝，亮的部分看不到细节。而将亮度数值调到最大后，高光部分仍能看清细节。所以我们在调整画面的明暗时，如果要调整曝光，尽量在小范围内进行调整。

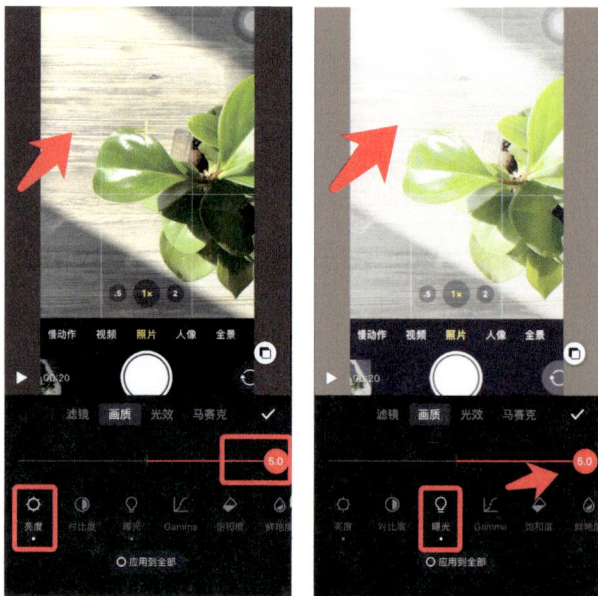

▲ 图 4.65

在"滤镜"界面中，我们可以选择不同风格的滤镜，以直接改变视频的色调和风格。在这里特别介绍一下"添加关键帧"功能。点击"添加关键帧"按钮，在操作区域中会出现"上一帧""添加/删除帧""下一帧"等按钮；选择一个位置，点击"添加帧"，视频轨道上就会出现一个白色的菱形图标，如图4.66所示。关键帧是指从此处开始，后面的视频效果会根据我们的操作产生变化。此时我们可以左右滑动上方的红色圆形滑块，以调整滤镜的透明度。比如我们先选择黑白滤镜，然后在第一个关键帧位置，将透明度调整为"100"，在第二个关键帧位置将透明度调整为"50"，在第三个关键帧位置将透明度调整为"0"。

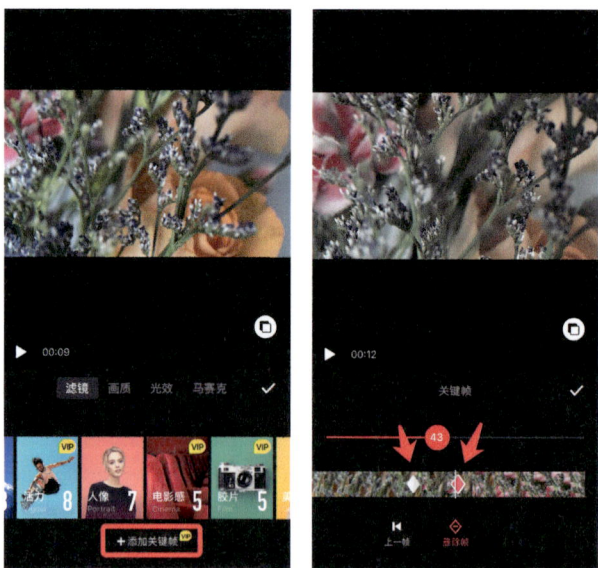

▲ 图 4.66

此时，视频的播放效果就
是从黑白逐渐变化成彩色，如图
4.67所示。关键帧是视频剪辑中
的一个非常重要的功能，能帮助
我们把一个普通的视频剪辑成有
独特风格的视频。

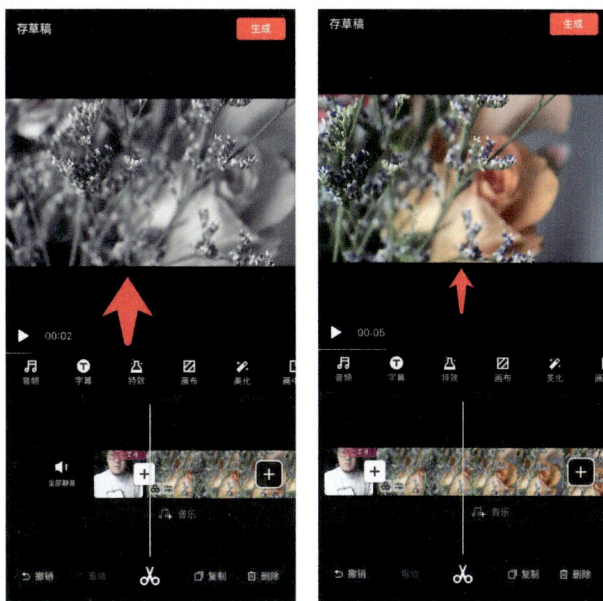

▲ 图 4.67

合理选择滤镜

为视频添加滤镜是比较快速的调色方法，滤镜是指已经调好的最终效果。滤镜会直接覆盖在原
有的视频画面上，从而改变视频的风格。软件一般都会对滤镜分类，比如活力、人像、电影感等，
如图4.68所示。

所以，我们可以根据视频拍摄的题材选择相应的滤镜，这样效果会更好。但是在选择滤镜的
时候，滤镜的数值不要设置为100%，颜色过于夸张会导致失真，我们可以将滤镜的数值设置为
50%~80%，并应根据实际效果调整。

确定滤镜之后我们还可以微调参数，比如对比度、锐度、高光、阴影等。

至于调成什么样算是好看，这个取决于个人的审美。技术决定下限，审美决定上限。掌握了技
术不代表能拍出好作品，所以我们平
时要增加自己的阅片量，多看好的作
品，分析不同主题用了什么效果、色
调。最简单的方式就是从模仿开始，
然后培养自己的风格。

▲ 图 4.68

125

Chapter
Five

从策划到拍摄，不同
的场景应该如何拍？

明星都在拍的
vlog到底是什么？

什么是vlog？

2018年，短视频开始流行，很多人开始习惯用短视频来填充生活的碎片时间。随着用户在生活中越来越依赖短视频，看短视频已经不能满足广大用户的需求，所以很多人开始自己拍摄短视频。随着创作者的增加，短视频的形式也在不断丰富。2019年，vlog又开始流行。vlog是什么？vlog属于短视频吗？很多人其实并不知道vlog是什么意思。

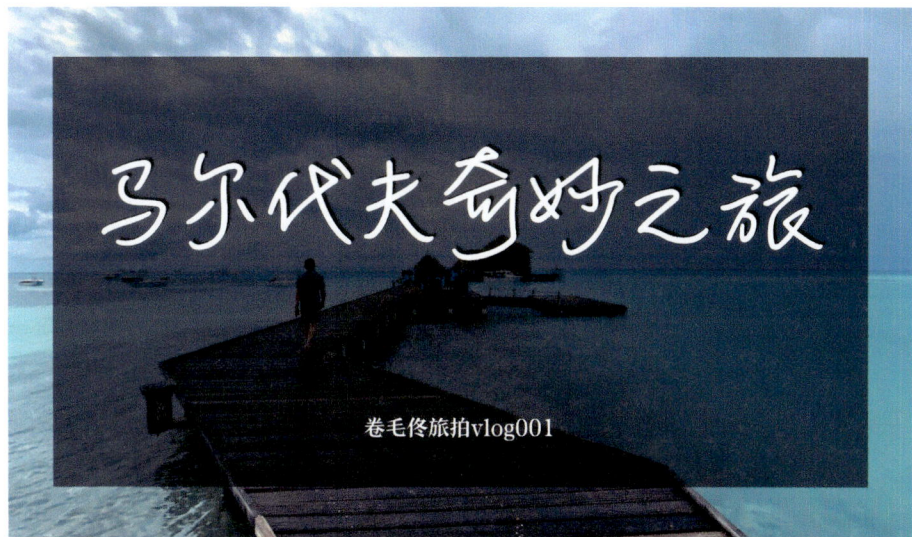

▲ 图 5.1

vlog 是 video blog 的缩写，video 代表影像，blog 代表日志，所以 vlog 可以简单理解为视频博客或者视频网络日记。视频作者用影像代替文字来记录日常，并通过网络与人分享。

2006年10月，移动运营商意大利"3w"公司与Mobaila公司合作推出的创新性移动视频博客服务"MyVideoBlog"，已经在意大利成为一项成功的新应用。而与此同时，在互联网上，一种新兴的博客形式也开始逐渐取代以往传统的文字博客，并迅速受到网民们的热捧，它便是vlog。

2012年，YouTube上出现了第一条vlog。如今YouTube平台上每一小时就会诞生几千条vlog作品。Casey Neistat（见图5.2）是目前世界范围内影响力最大的vlogger之一。截至2021年1月，他在YouTube上共有1230万的粉丝。在他的影响下，很多国内的明星、创作者开始尝试通过

vlog的形式来分享自己的生活。通过vlog，我们看到了明星和普通创作者的另一面。

在微博上搜索vlog就会看到很多明星都开始拍摄vlog了。很多网络平台也都在大力扶持vlog的相关内容，比如抖音、微博、一闪等平台用奖金、流量、主题活动等方式来刺激用户生产vlog的相关内容。

▶ 图 5.2

在手机应用商店中搜索vlog，会看到越来越多的视频剪辑软件给自己打上了vlog的标签，如图5.3所示。这是因为短视频市场的竞争已经进入白热化，但是vlog处于起步阶段。vlog不同于短视频，短视频的时长一般在1分钟以内，其用短、平、快的方式记录一个场景、一个瞬间或者展示一个技巧。但是，vlog的内容比较多，时长多为5~15分钟，内容更完整、叙事性更强，同时对于策划、拍摄、剪辑的要求也更高。

现在拍vlog的人越来越多，但是国内大部分人拍的vlog，与国外创作者拍的vlog相比还是有很大的差异。国内很多人更注重于炫技，喜欢通过各种运镜、转场、卡点等方式拍摄vlog，vlog的时长较短，并没有太多实际性内容。这也许是vlog本土化的一种风格，但我觉得这样的内容很难形成个人特色，这样的vlog只是在比拼谁的技术好。vlog更加强调内容的故事性和个人特色，也许你的拍摄技术没有那么好，但是你展示的内容吸引人，依然能够获得观众的青睐，所以vlog的内容应大于形式。技术是加分项，内容才是核心。

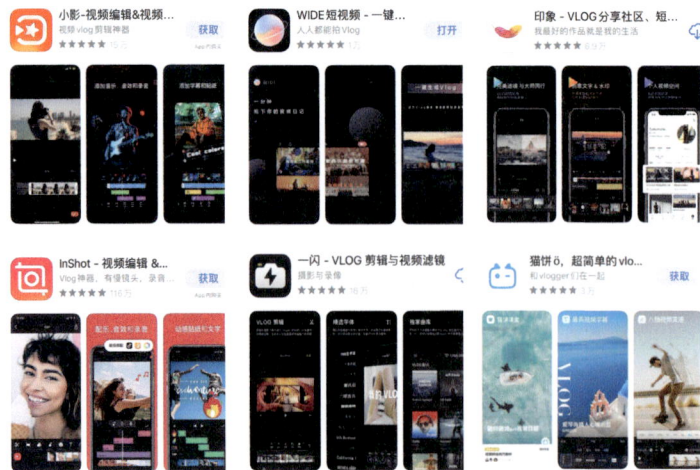

◀ 图 5.3

vlog的拍摄思路和流程

一个简单的vlog就是对日常生活的记录，内容不一定要很高级，记录衣食住行、吃喝玩乐都可以，但是我们要提前设计好内容，制作好脚本。如果用5分钟的时间记录你旅行3天的内容，那你就需要对内容进行提炼，找到亮点然后进行放大，流水账式的内容可以用转场、加速等技巧快速略过。

比如以"我要去吃火锅"为主题拍摄一个vlog，你可以从出门就开始记录，梳妆打扮、路上的过程可以用加速的方式简单地展示出来，视频的重点应放在吃火锅上，而且要加上你的个人特色。如果你是美食达人，可以加入你对火锅的评价，或者记录吃火锅过程中发生的有趣的事情。有些人把vlog中80%的时间都用在了记录准备、出门、路上的场景，最后只用了20%的时间展示吃火锅的内容，那vlog就成了流水账，失去了重点和亮点。

如果vlog中有真人出镜会更容易树立个人品牌，强化个人形象，比如有的人"颜值"高，有的人口才好，有的人幽默搞笑，总之你要把你的特点融入vlog中，这样vlog才是独特的。如果只是依靠拍摄技术，你会拍的别人也能拍，你的vlog无法形成自己的特色，就不容易被人记住。

◀图 5.4

一个 vlog 由 3 部分组成：前期策划、素材拍摄、后期剪辑，如图 5.4 所示。很多人的习惯是，准备拍一个视频，拿起手机就开始拍，后期剪辑的时候发现这个内容素材不够，那个内容素材拍得不好，给后期剪辑留下了很多困难，所以剪辑出来的视频也会不够完整。

前期策划

可以说，一个vlog的灵魂就是前期策划。因为前期策划承载了你对所有画面的设想，只有拥有明确的想法和拍摄主题，你才能知道拍什么、怎么拍。如果没有一个明确的主题，胡乱拍摄，最后的结果可能就是大部分视频素材用不上，想用的视频素材没有拍到。所以前期策划要确定一个明确的主题，要明确通过这个视频记录什么事情，然后确定大概的视频风格，比如严肃的、搞笑的还是唯美的。最后写出一个拍摄脚本，脚本就是剧本，后面的拍摄、剪辑都要根据拍摄脚本进行。

当你有了清晰的主题后，拍摄视频的效率会更高，因为你知道什么要拍，什么不用拍，剪辑的时候就不会面对大量的素材无从下手。拍摄和剪辑只是把你的想法呈现出来的工具。

关于脚本，我们可以参考如表5.1所示的内容进行撰写。

表5.1　拍摄脚本示例

镜头	时长（秒）	形式	内容	旁白	备注
1	10	真人出镜口述 介绍视频主题，吸引观众观看，采用中景景别拍摄，突出人物	大家好，我是卷毛佟，终于等来了难得的假期，今天带大家感受一下马尔代夫的海岛之旅		
2	10	拍摄空镜 利用不同景别拍摄环境，交代人物所处环境		经过10多个小时的飞行，从北京到吉隆坡再到马累，最后坐船登上了卡尼岛，虽一路颠簸，但当我看到眼前的碧海蓝天，一身疲惫忽然全部消散	配乐
3	8	真人出镜口述 采用远景拍摄，记录人物和环境，代入场景	我现在在马尔代夫的卡尼岛，接下来的5天，我期待在这里度过一个美好的假期		
4	15	拍摄空镜 利用不同景别，拍摄岛上的风光，展示环境特色			配乐

当你有了这样的一个脚本，你就可以根据脚本一项一项地拍摄。

素材拍摄

在根据脚本拍摄素材的时候，你可能会产生一些新的想法，或者遇到一些突发状况，比如环境条件不好，一些内容拍不到，或者器材出现问题。这时你可以临时调整脚本。同时对于每一部分的内容，你要多拍一些备用素材，以备不时之需。比如要拍摄一个车水马龙的街头场景时，你可以在不同的街头拍摄具有不同效果的素材，这样在后期剪辑的时候，选择会多一点，也能避免因某个素材拍摄的效果不好而影响整个视频的效果。

在拍摄素材的时候，你应尽量使用本书中前文讲到的各种拍摄技巧进行拍摄。拍摄思路是"从大到中再小"，"大"是指大场景、大环境、大空间，比如户外场景、室内场景等；"中"是指一些近景，比如拍摄人物、动物、小空间场景等；"小"代表细节、局部，比如要拍人，可以拍人物的眼睛、表情等。不同的场景可以使用不同的景别进行拍摄，这样得到的素材会更丰富，角度更多、深度更深，视频也不会因为一直是同一个景别而显得单调。

如果拍摄的视频素材很多，都存放在手机里会占用较多的内存空间，也会非常混乱。而用多部手机或者多种器材进行拍摄时，难免会出现素材杂乱、不好查找的问题。因此，建议你准备一个移动硬盘用于素材的管理，或者利用网盘进行管理，把每次拍摄的视频素材按照时间、主题进行整理，这样既方便查找，也能防止素材的丢失，如图5.5所示。

3期视频训练营毕业作品	2018年8月栾川	2018年11月稻城亚丁	2018年12月东南亚四国	2019年1月长春
2019年2月泰国	2019年3月北戴河clubmed	2019年3月贵州荔波	2019年4月贵州西江	2019年6月澳门
2019年6月桂林	2019年6月五大连池	2019年7月湖北恩施利川	2019年7月少林寺	2019年9月加拿大温哥华

▲ 图 5.5

后期剪辑

在剪辑之前你需要对视频素材进行筛选，根据脚本选择相应的素材，并对素材进行简单地排序，再根据视频的风格选择几个背景音乐。做好前期准备后，再将视频导入软件进行剪辑。在剪辑的过程中，即使素材拍得再多，也可能会出现临时改变想法导致素材不够的情况，所以你要做好临时调整脚本的准备。如果已经无法补拍了，这时你就要根据现有素材来调整脚本。

如何用手机
拍好普通日常

日常类视频的特点

日常类视频类似于日记，vlog就是视频日志。但是大部分人在拍摄日常类视频时都会遇到一个问题，就是把视频拍成自娱自乐的"碎碎念"。"碎碎念"与日常类视频之间的区别就像写日记和写文章之间的区别一样：日记随便写，写好写坏都无所谓，因为日记是给自己看的；但文章要公开发表，写文章时就要考虑读者的阅读感受。拍视频也是一样，普通人拍摄日常类视频时容易陷入"自嗨"的状态，虽然自己拍得很开心，但视频内容都是一些生活碎片，别人不关心你的生活，自然不愿意观看。这就是因为拍摄者没有换位思考，没有考虑观众的感受。

视频既然要传播，拍摄者就要考虑受众的感受，别人为什么要看你的视频？你的视频能给别人带来什么价值？价值有很多种形式，比如快乐、愉悦、知识等。所以拍摄日常类视频之前拍摄者一定要想好视频的主题和能给人带来的价值。

一个人很难做到自己拍摄的每条视频都很吸引人，这就需要拍摄者在视频内容上下功夫的同时，还要不断打造自己的人设。互联网能够放大个人价值，很多人都成了"网红"，但是这些人中的大部分都有清晰的人设，有自己的特点和风格。只有当观众开始追溯你这个人的时候，你的视频才会有更多的观众，大家也才会喜欢看你的日常"碎碎念"。

不同情景的拍摄思路

日常类视频的拍摄内容基本是衣食住行、工作、娱乐。拍摄不同的情景都有哪些拍摄方法和技巧呢？

起床

起床洗漱是很多人拍摄日常类视频的开场内容，以记录一天的开始，如图 5.6所示，这也是拍摄日常类视频常用的方法。那起床这个情景有哪些拍摄技巧呢？

▶ 图 5.6

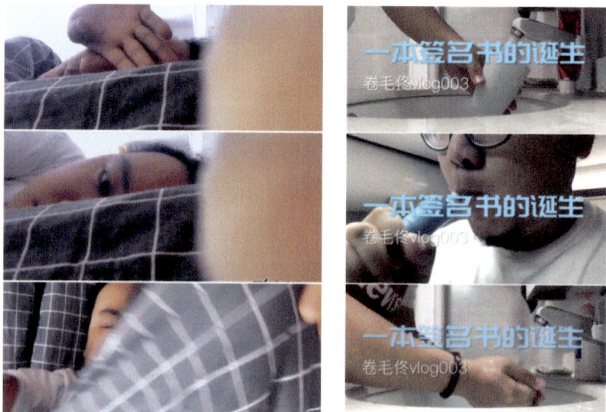

1. 拍人物。拍摄人物的时候,可以拍摄人物睁开眼睛、揉眼、再睁开眼睛、戴上眼镜(如果近视的话)、拿起手机或者闹钟看时间、掀开被子下床、穿衣服、洗漱等画面。

这些场景都能表现出人物在起床。但是有人可能会问,自己起床怎么自己拍摄呢?这里需要"表演",提前在窗边固定好机位开始拍摄,然后表演起床的一系列动作,力求真实,这也是考验你演技的时刻。

2. 拍环境。如果拍自己不方便或者自己不想出镜,可以拍摄能表现出起床场景的环境。比如拍摄日出场景,或者拍摄闹钟响起的画面(见图5.7),或者拍摄拉开窗帘的动作,这些也都能表现出起床这一内容。拍摄生活中与起床相关的细节,也能够让视频充满特色,不至于出现太多与其他视频雷同的内容。

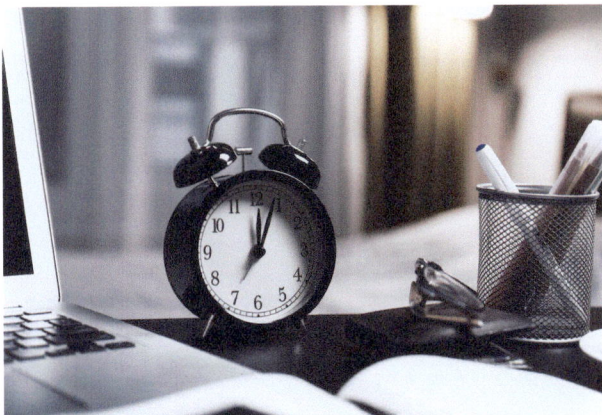

▲ 图 5.7

吃饭

拍摄吃饭最简单的一种方式就是固定手机,对准餐桌拍摄人物吃饭的过程。如果只是为了记录吃饭这个过程,没有太多的细节要表达,拍摄者可以使用延时摄影功能拍摄,快速记录。

如果要重点表达吃饭的细节,比如菜品的特色、吃饭时的仪式感,就可以利用一些运镜技巧以及远近的变化,以菜品为主体进行拍摄,如图5.8所示。

▲ 图 5.8

走路

拍摄走路的场景时,拍摄者可以双手拿着手机,从上往下拍摄自己行走中的双脚,如图5.9所示。这是一种常用的拍摄方式,拍摄者搭配慢动作功能进行拍摄,能让视频更有代入感。

▲ 图 5.9

133

拍摄者还可以手持自拍杆，用自拍的方式拍摄走路，这主要是通过人物背后场景的变化来表现人物在走路，如图5.10所示。或者把手机固定在一个位置，将镜头对准要走过的地方拍摄，然后人物走入画面，这样会显得更加自然，也能让画面更丰富，记录了人物动态和环境信息，如图5.11所示。

▶ 图 5.10

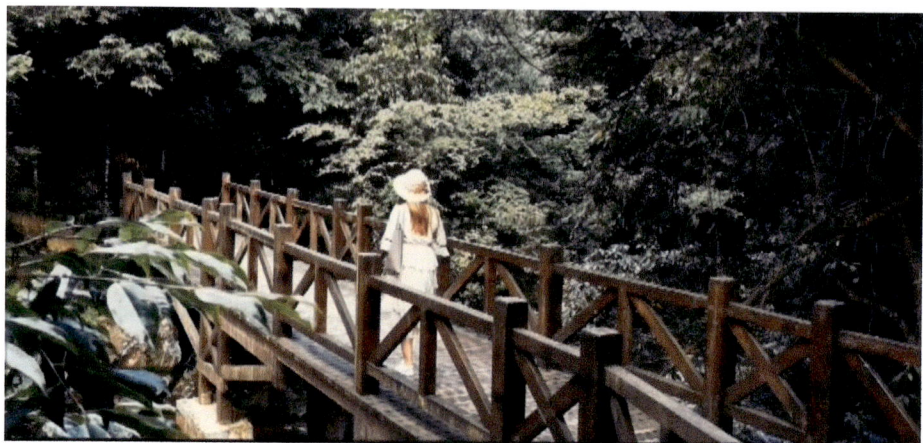

▲ 图 5.11

穿衣服

穿衣服是比较隐私的事情，所以不方便直接拍摄穿衣、换衣的过程。我们可以用一些技巧来避免尴尬，比如拍摄局部、手伸出袖口、系扣子等细节，如图5.12所示。

利用一些遮挡转场的技巧也可以实现快速变装。在穿衣服的过程中，人物可用衣服或者手遮挡镜头，使画面黑屏，具体操作方法见第三章转场部分的内容。

利用快速转场实现变装是指拍一个穿衣服之前的视频，把衣服盖在身上，暂停拍摄，注意人物在画面中的位置，再拍摄一段衣服穿好之后的场景，在后期剪辑时，在用衣服盖住身体的那一刻后面直接接上穿好衣服的画面，就能达到一种神奇的"魔术般"的变装效果。

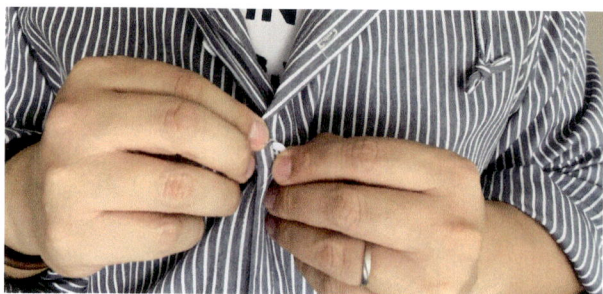

◀ 图 5.12

案例解析:《一本签名书的诞生》

日常类视频要有一个主题，这样才能让别人知道你拍的是什么。我以《一本签名书的诞生》为例来讲解日常类视频的拍摄技巧。这个视频的主题是去年我的第一本书《拿起手机，人人都是摄影师》上市前，我去印刷厂签字的过程。

拍摄思路

◄ 图 5.13

1. 介绍视频主题，交代内容，让观众产生期待。

▲ 图 5.14

2. 按照时间轴，拍摄起床场景，包括日出、穿衣服、洗漱等场景，无须记录太多，因为这属于过渡性内容。配上音乐，加快节奏，时间自然从凌晨过渡到白天。

▲ 图 5.15

3. 在路上穿插一些自我旁白的镜头，渐渐引入主题。拍摄者可以用一个支架固定住手机自拍或者以车的视角拍摄，能起到丰富画面的作用。

▲ 图 5.16

4. 简单拍摄环境信息，丰富内容，提高内容的真实性和代入感，特别是需要将大部分观众没有见过的场景展示出来，以激发观众的好奇心。

▲ 图 5.17

5. 签字的过程很漫长，且内容单一，可以利用延时摄影功能，加快速度，让视频节奏更加紧凑，也可以从多种角度拍摄，丰富画面。

▲ 图 5.18

6. 收尾，对本次视频的内容做个总结，特别是表现出情绪、观点上的变化，既能引起观众共鸣，也能让观众更加期待你的其他视频。

　　日常类视频整体还是根据时间的变化从前到后记录内容，但是要注意内容的可观赏性，无意义的内容要快速略过，有价值的内容要重点展示，这样视频才能具有节奏感。因为你需要在几分钟内展示几小时的内容，所以要格外注意观众的观看体验。

旅行博主的
vlog拍摄技巧

旅行类视频的形式

短视频的发展带动了旅游行业的进一步发展。旅行行业原来的传播方式以图文为主，很多旅游博主、旅游爱好者通过详细的图文内容来介绍一个地方的衣食住行，但是读者需要很长时间才能看完这些图文内容。我曾经写过几篇游记，字数最多的一篇有3万多字，这对于写作者和读者来说都有很大的压力。

短视频时代的到来让这一切变得简单了。1分钟的视频就可以包含很多信息，视觉的、听觉的，还有创作者的主观感受。所以用视频记录旅行已经成为现在的一种主流记录方式。

旅行类视频常见有3种形式。

▲ 图 5.19
第一种是叙述类，这类视频的内容偏向于记录旅途，同时加入了创作者的主观感受，还原了创作者的所见所闻。叙述类视频需要创作者在过程中进行讲解，就像一个导游一样。这种视频的时长一般偏长，从几分钟到十几分钟不等，如图 5.19 所示。

▲ 图 5.20

第二种是风光记录类，这类视频主要展示当地的特色风光、美食、人文等内容，多采用画面和音乐结合的形式进行展示，视频是不会有创作者的旁白、主观感受等。这种类型的视频制作起来相对容易，比如用一系列照片即可制作卡点视频，如图 5.20 所示。

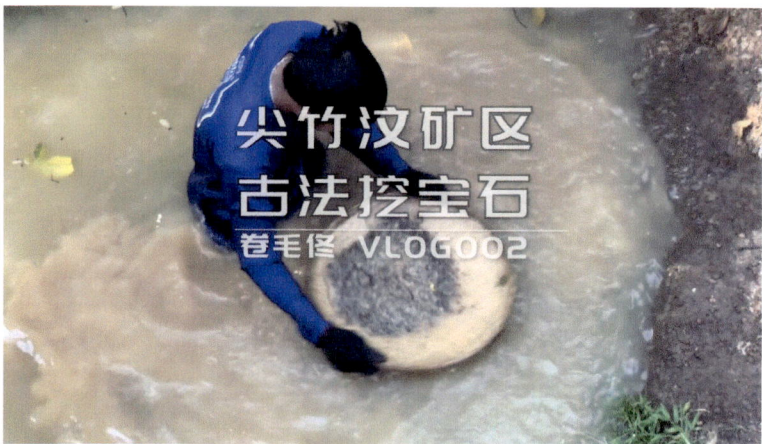

▲ 图 5.21

第三种是体验类，这类视频主要展示创作者参与一个活动的真实感受，比如品尝美食、挑战极限运动，或者参与一些具有当地特色的文化活动，如图 5.21 所示。这类视频富有代入感和真实感，让人看完有身临其境或者想要参与进去的感觉。

策划拍摄主题

前面我们讲过，视频需要有主题和脚本。因为一场旅行的时间可能很长，短途旅行一般需要1~3天，长途旅行一般需要5~10天，甚至更长，所以如果没有一个清晰的策划，我们一路拍摄的素材可能非常多、非常乱，这会给后期剪辑带来很多困难。

如果要拍出有自己风格的视频，我们需要确定自己的视频风格以及个人特色。如果你是一个很了解历史的人，去一个地方旅行时，你可以用镜头带领大家了解当地的历史、特色景点、古迹、博物馆、风俗习惯等。如果你是一个很喜欢美食的人，你可以通过镜头记录当地独特的饮食文化以及你的探店攻略。如果你很喜欢摄影，你可以用镜头带大家看看你推荐的拍照打卡点。

因为视频时间有限，不可能用一个视频将全部行程都记录下来，所以我们要将全部行程拆分成一些小的系列，使视频主题更加明确，从而更精准地吸引感兴趣的观众。在出发之前，我们需要提前做一些功课，做好准备，只有策划好主题，我们才知道应该去拍什么。

案例解析:《烟雨桂林》

图5.22所示的这段视频的内容是我在桂林旅游时的经历，制作这个视频的目的是教大家如何拍出有质感的照片，以及介绍桂林山水的特色。

▲ 图 5.22

视频时长为1分钟，拍摄时间为5天，因为要去的地方比较多，所以我需要提前做好准备，了解要去的地方都有什么特色，哪些内容要展示在视频中。视频既要突出桂林山水，又要根据我作为手机摄影师的定位，展示我的拍照技巧。根据以上需求，我撰写了脚本，如表5.2所示。

表5.2 烟雨桂林拍摄脚本

镜头	时长(秒)	形式	内容	旁白	备注
1	1	静态图片	视频封面	无	全视频贯穿纯音乐，无歌词
2	8	镜头快切	快速展示桂林的主要景点	漓江、象鼻山、银子岩、天门山、龙脊梯田、七星岩。桂林山水甲天下，果然名不虚传	
3	3	空镜	下雨场景	虽然一直在下雨，但是我觉得烟雨漓江是最美的	
4	10	真人出镜，录屏和照片切换	展示拍照过程和结果	下雨、阴天的场景特别适合拍摄黑白照片，能够使照片具有水墨画的效果	突出手机摄影师的定位
5	5	空镜	山水场景	桂林的山与我过去的其他地方的山不同，这里的山不是雄险，而是清秀，山清水秀，烟波浩渺	
6	5	真人出镜，录屏和照片切换	展示拍照过程和结果	有水的地方不要错过，可以利用对称构图拍摄	突出手机摄影师的定位
7	5	真人出镜，录屏和照片切换	介绍场景、展示拍照过程和结果	如果画面的层次感很强，可以利用九宫格构图拍摄	突出手机摄影师的定位
8	8	空镜	利用不同景别拍摄细节场景，丰富画面。	桂林的风景是我国的一张名片。桂林，是此生值得一去的地方	
9	3	真人出镜	展示用手机拍照的动作	我是卷毛佟，下期vlog见	突出手机摄影师的定位

拍摄思路

视频的开头很重要，需要用简单直接的方式吸引观众，所以此视频开始便用了罗列地名的方式介绍本次视频的大概内容。大多数对这些地方的景色感兴趣的人看到视频开头就会产生兴趣，所以视频开头的画面应是有代表性的场景或者地标性建筑，如图5.23所示，以第一时间抓住观众的眼球。

▲ 图 5.23

因为本视频的主题是"烟雨桂林"，所以要突出跟雨相关的场景，我拍摄了游船玻璃上的雨滴以及雨后的云海，如图5.24所示。拍摄这些场景的形式都是空镜。空镜是指没有实际内容的镜头，主要起过渡作用，比如此处的空镜就是为了使画面过渡到接下来的水墨画风格的场景。

▲ 图 5.24

因为我的定位是手机摄影师，所以我在视频中比较注重强化这一定位，让观众知道我的身份。自媒体时代，输出内容的目的是打造个人品牌，因此创作者应在视频里需要不断强化自己的定位。你可能不需要从头到尾都出镜，但是在和个人定位关联的场景里一定要出镜，如图5.25所示。

▲ 图 5.25

我在前文中已经讲了景别的相关概念。对于旅行类视频，我们不仅要拍摄自然风光，更需要加入与人文相关的内容。因为包含人的元素，视频才会更有代入感，也会更有人情味，从而能拉近视频与观众的心理距离。所以拍摄风光类视频时，创作者可以拍一些小场景，如有当地特色的场景。我去桂林时赶上了当地的"晒红节"，虽然当天下雨了，但是场面依然很热闹。我拍了一些吹唢呐的人，以及家家户户晒红的场景，同时用近景拍摄了一些与雨水相关的场景，如图5.26所示，让视频前后呼应，画面更加丰富。

▲ 图 5.26

视频最常见的收尾是自我介绍，既能让观众加深对你的印象，也能制造期待，如图5.27所示。

以上即是一个完整的旅行类视频的拍摄流程和创作思路。我们平时可以多看看别人的视频，分析他们的拍摄思路，再将这些思路应用在自己的视频中，然后再慢慢确定自己的风格。

▲ 图 5.27

如何为孩子
拍摄成长记录

用视频记录孩子的成长的过程中的常见问题

记录孩子的成长瞬间有太多种方式了，摄影就是其中一种。虽然父母也期待能为孩子拍出好看的作品，但是多数情况下往往事与愿违，或因为水平不够，拍不出好看的作品，或因为审美水平不高，不知道怎样才算好看。

孩子天真可爱，父母都想把自己孩子的每一个成长瞬间记录下来。但是如果孩子很小，他不会老老实实地让父母拍，也不会乖乖地听父母的拍摄安排。所以父母永远是在"追着拍"孩子，孩子在镜头里总是跑来跑去，导致画面模糊、不清楚，或者很难抓拍到孩子真实、自然的表情和神态，如图5.28所示。

▶ 图 5.28

拍摄孩子时，常见的问题有以下几种。

1. 人物太小，画面不聚焦。因为孩子天生爱动，特别是在户外场合拍摄时，父母很难跟得上孩子，所以也很难控制孩子在画面中的比例，导致视频效果不佳。

2. 画面模糊。因为孩子爱动，所以如果父母不能很好地预判孩子的行为，镜头就跟不上孩子的行动，从而导致画面晃动、模糊。

3. 角度问题。父母拍摄孩子时多是以成人视角从上往下拍。从前文中讲过的拍摄角度的相关内容可知，从上往下拍只能拍到孩子的头顶，而拍不到表情，也抓拍不到更丰富的动作。

策划有意义的视频

孩子的成长瞬间有很多，如果都用镜头记录下来，则每个作品最好能有一个清晰的主题。这样当把很多素材放在一起的时候，观众才知道孩子在每个阶段做了什么。如果每个作品没有清晰的主题，只是把大量视频、照片放在一起，相信父母自身也没有翻看回忆的兴致了。

策划视频最重要的就是明确主题。主题可以分为不同类别，比如生活、学习、娱乐、特殊事件等。这个主题可以很小，如吃喝玩乐、衣食住行、学习、娱乐；也可以是对于孩子来说很有意义的事情，比如"第一次"系列，用视频的方式记录孩子的各种"第一次"。这些主题都可以反映孩子的成长，在他们的成长路上有着纪念意义。

主题就像文章的中心思想，整个视频就是要围绕着中心思想来拍摄。我们确定了主题后，就可以围绕主题撰写简单的脚本，再去拍摄，这样就能让每个视频都充满意义。

案例解析：《画画的小女孩》

▲图 5.29

这个视频的拍摄环境是一个普通的客厅，没有特殊的布置和道具，视频主要展示的是孩子，一块黑板和孩子画画用的粉笔。视频的主题就是"画画的小女孩"。

很多人在拍摄之前会漏掉一个重要的环节——与孩子沟通。父母要让孩子知道你要拍摄视频这件事情，并且尽量让孩子配合你完成。在与孩子沟通的过程中，父母要学会换位思考，用孩子的视角和思维与孩子沟通，以玩游戏的心态共同完成这件事情，而不是单纯地让孩子配合你完成一个任务。

父母和孩子达成共识之后，再考虑拍摄的相关问题。

首先考虑环境因素，视频的拍摄环境是一个客厅，因为我家里有两个孩子，客厅会比较乱，所以我决定采用近景拍摄。放大孩子在画面中的比例，能够忽略掉周围杂乱的环境，再配合一些画画的特写镜头，就能满足拍摄的需求。

▲ 图 5.30

通过近景进行拍摄，让孩子的上半身入镜，可以忽略掉周围杂乱的环境，并让画面焦点落在孩子身上。我在此处主要从孩子的左侧、右侧、背面这 3 个角度来拍摄孩子画画的过程。因为孩子面对画板，所以无法拍摄到孩子的正面。

▲ 图 5.31

通过特写拍摄孩子认真画画的表情、神态，可以刻画孩子的特点。同时用特写拍摄画画的动作，能强化视频的主题。

◀ 图 5.32

最后从正面拍摄一个成品展示画面作为视频的结尾即可。因为视频的主题很简单，所以不需要太复杂的内容和形式，通过不同的角度、景别来记录孩子画画的过程即可。

拍摄产品
宣传视频

短视频已经不仅仅是生活中的一种娱乐形式，很多企业也开始尝试用短视频推广自己的品牌和产品。很多"带货"视频、"种草"视频都是通过短视频的方式展示产品的特点和特色，以达到推广、曝光产品的目的。

也许有人会问，那宣传产品的短视频和电视里播放的广告有什么区别？最大的区别在于观众变了。电视里播放的广告，观众喜欢不喜欢，只能自己说一说，最多就是换台不看了，观众对于这个产品的观点，别人是无法实时听到的。但是到了互联网时代，人人都可以发表自己的观点。如果你在短视频平台投放了一个质量较差的视频广告，观众不仅不会喜欢，还会做出负面的评价，影响产品的口碑。

观众不是拒绝广告，而是拒绝毫无创意、毫无特色的"硬广"，如果广告能够拍摄得有创意，依然能使产品俘获很多观众的心。这也是现在"种草"视频会这么火的原因。"种草"视频就是通过视频来介绍创作者自己对一款产品的体验和感受，让观众看过视频之后产生购买冲动。

产品宣传视频通带有两种类型：体验测评类、产品展示类。

体验测评类视频的拍摄思路

体验测评类视频的重点是介绍产品的使用过程、主观使用感受，创作者可以以第一视角带领观众去感受产品。拍摄这种视频前，创作者首先需要对产品有足够的了解，在体验的过程中尽量还原真实的使用感受，不能夸大效果，也不能只讲正面评价而忽略不足之处。

而且产品体验的对比很重要，比如对比手机的拍照效果、化妆品的上妆效果、衣服穿搭的效果。内容有对比、有反差，视频才能更有吸引力。

▲ 图 5.33

体验测评类视频中最好有一个真实的体验场景，而不是面对镜头罗列产品的各项参数，因为这些信息观众在网上都可以找到，买产品的时候也都能看到。而观众想看的是这个产品到底值不值得买，其实际功能与宣传内容是否有差别。因此，展示真实的体验是这类视频的重点。而且在拍摄时，创作者最好选择能与用户产生关联的场景，这样视频才会更有代入感。

产品展示类视频的拍摄思路

产品展示类视频拍摄起来更为简单，其主要的作用就是展示产品的特性、外观以及功能。这类视频的突出特点是观感好和美观度高，视频富有档次和视觉冲击力。因为产品展示类视频的目的是在最短时间内展示出产品的特色，激发观众的好奇心，所以视频的"颜值"很重要。

▲ 图 5.34

产品展示类视频的内容以产品为主，环境为辅。如果创作者想利用环境衬托出产品的特点，最好选择一些生活化的场景来拍摄，以增强代入感。比如拍摄一件女性职场西装，创作者可以选择商圈、步行街、写字楼、咖啡厅等场景，这样比较符合产品的特点，也能让观众对该产品有更多美好的期待。

如果产品具有明确的功能性，创作者也可以通过一些拍摄技巧，比如运镜或者慢动作、延时摄影等功能，让视频内容看起来更加丰富。比如拍摄茶具时，创作者不仅要展示茶具的外观，也要拍摄一些沏茶、倒茶的场景，以烘托视频的氛围；拍摄运动鞋时，创作者可以加入一些跑步、运动场景的特写镜头。

149

职场人需要
掌握的活动、会议拍摄技巧

拍摄活动、会议时常见的问题

短视频成了当下的主流传播形式，除了生活娱乐，很多工作场景中也有拍摄短视频的需求，企业也开始通过短视频平台传播自己的企业定位和企业文化。拍摄工作场景时，很多人拿起手机会感觉无从下手，不知道从何拍起。常见问题如下。

1. 场景太杂乱，拍摄出的画面很混乱。

2. 现场人太多，抓不到重点，想拍的内容很多，但都缺少特色。

3. 突发情况太多，拍了这边顾不上那边。

4. 拍了大量素材，后期剪辑时无从下手。

没有拍摄经验的人在拍摄活动、会议时确实经常遇到以上问题。但无论拍什么，前期的策划都是最重要的。在工作场景中，培训、会议等活动都会有活动流程。作为拍摄者，我们需要提前了解活动流程，然后制订拍摄计划。根据计划表来拍摄，既从容又不会遗漏重要信息。

活动现场拍摄清单

表5.3所示为活动现场拍摄示例。

表5.3　活动现场拍摄清单示例

项目	内容	要求	数量	完成数
筹备	会场布置	记录工作流程、工作成果		
	彩排	突出认真准备活动		
	工作人员	记录工作人员辛勤工作		
活动前	签到处	记录参加活动人员入场的场景，突出热闹的氛围		
	现场人员	记录活动现场人员陆陆续续到场的场景，可以拍摄大全景		
	物料	拍摄活动物料、资料等细节场景，突出活动准备充分		
活动中	嘉宾个人	近距离拍摄重要嘉宾个人特写，多角度拍摄		
	观众个人	随时观察抓拍一些有趣的表情或者动作，记录场下观众的反映		
	全场	拍摄现场全景		
	细节	拍摄现场互动细节，丰富画面		
活动后	现场交流	抓拍交流场景，增加互动氛围		
	合影	拍摄人物合影、背景板合影		

如何拍好
脱口秀视频

短视频的发展让更多普通人开始通过镜头展示自我。能歌善舞、口才好、镜头感强的人都开始通过短视频来打造个人品牌。短视频让很多"草根"成了"网红"。

什么是脱口秀视频？

脱口秀视频即"脱口秀"形式的短视频，是最为普遍的一种短视频形式。从拍摄的角度来说，它不需要复杂的拍摄技巧，只需要固定手机，找好拍摄位置，面对镜头展示才艺就可以了。这是所说的才艺有很多形式，比如唱歌、跳舞、讲故事、讲幽默段子、分享干货知识或者介绍产品，但基本都是一个人对着镜头讲话。

对脱口秀视频来说，内容大于形式，观众看的主要是你在镜头前的"秀"，这里并不需要太多的拍摄技巧。所以在录制视频前，创作者提前准备好你的内容，因为内容才是关键。脱口秀视频由于时间短，一个视频的时长为十几秒到几十秒不等，因此内容一定要精练，要达到短、平、快的效果，在最短的时间内把你要表达的内容"秀"出来。如果你的才艺是唱歌，一般只唱高潮部分；如果你是分享干货知识技巧的，也要直接抛出干货内容，以加快视频节奏。

▶ 图 5.35

▲ 图 5.36

151

拍摄设备

1. 三脚架。三脚架是必不可少的，因为在脱口秀视频中，人物是画面的核心，人物在画面中的占比很大，镜头不稳、晃动会给观众带来负面的观赏体验。

2. 补光灯。如果拍摄环境的光线不好，用手机拍摄时，经常会造成视频画质不佳，人物的肤色效果不理想等情况。补光灯能够提高拍摄环境的光线亮度，改善画面质量。

3. 麦克风。如果拍摄环境比较安静，没有噪音的干扰，创作者在拍摄时可以不使用麦克风。但是如果拍摄环境中的噪音比较多，或者视频对声音的要求很高，创作者在拍摄时就需要配备一个麦克风来保证收音效果。

画面的构图

前文讲过一些拍摄时的构图技巧，脱口秀视频的构图很简单，使用中心构图即可。而且建议采用竖构图，因为视频中展示的所有内容都来自镜头前的人物，竖构图可以让观众更沉浸于视频，不受环境等因素的影响。但要注意人物在画面中所占的比例。

如果视频要展示人物的全身，无论是横屏拍摄还是竖屏拍摄，都要把人物全身拍完整，如果只是展示上肢动作，拍摄半身即可，如图5.37所示。

▲ 图 5.37

如果是横构图，采用中近景进行拍摄即可，画面截取到人物腰腹的位置。因为横构图的视频内容主要是人物进行讲述，以及展示人物的表情、上肢动作，所以无须拍摄全身，而且人物离屏幕太远，收音效果会受到影响，正误示范如图5.38所示。

▲ 图 5.38

如果需要在视频中加字幕，字幕的位置可以选择屏幕上方1/3处，或者屏幕下方1/3处，如图5.39所示。切记字幕不要挡住脸部，而且字幕也不要放在屏幕最下方，因为短视频平台下方会有文案、定位、购物车等信息，字幕放在屏幕最下方容易与之重叠。

▲ 图 5.39

153

第六章

Chapter
Six

短视频运营技巧，
从小白到高手

短视频的
红利期过了吗？

为什么人人都在玩短视频？

2017年暑假，我身边一个10岁的孩子拿着手机，天天在家拍视频。同时我发现朋友圈中有人开始分享一个叫抖音的软件。于是我下载了抖音App，刷了两天，我觉得里面的内容太幼稚了，于是卸载了。

2018年春节期间，我突然发现身边好像所有人都开始玩抖音了，同时从央视到地方卫视，各种火爆的综艺节目也都被抖音冠名了，我觉得我好像落伍了，于是又下载了抖音。只过了半年的时间，我发现抖音中的内容已经发生了很大的变化，内容很新潮、很酷。每天晚上睡前我都想着刷刷抖音就睡觉了，但是这一刷就是两三小时，时间不知不觉就过去了。

我在2018年3月创建了我的抖音账号"卷毛佟"，开始分享手机摄影教程。随着抖音的盛行，我开始运营我的抖音账号，运营1个月后我吸引了10万粉丝；运营2个月的时候，我的粉丝量就涨到了220万；我的最火的两个视频在2天内"涨粉"200万；运营1年后，我的粉丝量将近400万，如图6.2所示，我因此成了抖音的"头部大V"。

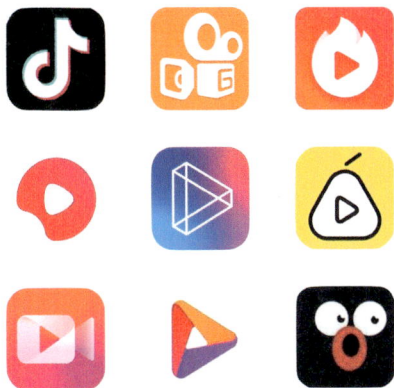

▲ 图 6.1

▲ 图 6.2

短视频刚火的时候有人来问我："现在开始做短视频还来得及吗？短视频的红利期过没过？"我说："当然没过，现在越来越多人在看短视频，正是短视频的爆发期，要进入短视频领域就要快。"但有人没有行动。等到两年后，还有人问我："现在做短视频还来得及吗？"我回答说："做短视频最好的时间有两个，一个是两年前，另一个是现在。"事实上，真正想做短视频的人早都开始了，到现在还没开始的人，其实心里根本就不想开始。

这些人比较幸运，抓住了短视频行业发展的红利期，但当更多人发现这是个机会的时候就已经晚了。雷军说过一句经典的话，"站在风口上，猪都会飞"。这句话的意思是，成大事者都会借势，让自己走得更快、更高。

红利期是指一个行业快速发展，参与者很容易获得成功或很容易赚钱的时期。那短视频行业还处于红利期吗？答案是肯定的。

短视频的发展不仅仅是技术上的进步，电子设备和网络的发展，让看短视频成为日常的阅读行为。同时更重要的是，人们的需求推动着技术的发展。人们获取信息的方式一直在改变，从看文字到看图片，再到看视频，人们需要越来越真实的体验和感受，不仅要满足看的需求，还要满足听的需求，甚至要满足身临其境的需求。在信息爆炸的时代，人们获取信息的渠道越来越多，获取的信息也越来越混杂。人们注意力集中的时间在缩短，人们越来越缺乏沉浸阅读的耐心，这也是短视频爆发的一个原因。几十秒的短视频可以满足人们看、听等多方面的需求，而且包含的信息量也较大。短视频一定是未来传播的重要载体，所以它仍处于红利期，只是玩法在不断改变。

▶ 图 6.3

在软件市场中搜索"短视频"，我们可以搜索出上百款相关的软件。2020年年初，微信推出了视频号，这是一个新的短视频社交平台，虽然还处于内测期，但是基于微信超过11亿的用户基础，一旦开放公测，其将是一个全新的竞争市场。现阶段微信视频号还处于内测期，属于内部邀请开通。我在2020年4月1日开通了视频号，1个月的时间里发布了30个视频，获得了1万粉丝关注，2个月获得1.8万粉丝关注，单个视频最高播放量达到了103万次，多个视频播放量超过50万次。

如何抓住机会，赶上短视频的风口？

首先保持好奇心，机会往往来自新鲜事物，但新鲜事物在初期是很难被人接受或者认可的，任何事物的成长发展都要经过一段被否定、被忽视的时期。对于早期进入的人来说，如果能坚持下来，找到适合自己的生存模式，那就很容易站在领先的位置上。我刚开始运营抖音账号的时候，全网做手机摄影教程的账号还屈指可数，我在那个阶段大量生产作品，有了足够的积累，这是我后来成功的前提条件。当短视频火了后，手机摄影的需求也被放大，有很多人开始做手机摄影这一内容，虽然也有做得很好的，但是此时想做成头部账号，他们就需要付出更多的努力，难度也相对大了很多。因此，我们对于新鲜事物要敢于尝试，保持好奇心，起码要有所了解。在互联网时代，事物变化太快，一旦落后，再想追赶上去就很难了。

其次要放弃完美主义。我身边很多人都有做短视频的想法，但是90%的人都停留在想法阶段，因为不敢、害怕、犹豫不决，最终错过了最好的进入短视频行业的机会。他们总是在思考，我还没准备好，如果我失败了该怎么办。我对于完美主义的理解就是缺少自信，因为完美是没有标准的。有的时候，开始往往比做好更难，只有你迈出第一步，才知道后面的路该怎么走。而且如果不去尝试，你也无法验证自己到底行不行，要想抓住机会，你就要有敢于试错的心态。

你知道
谁在看你的短视频吗?

有一句话叫"知己知彼,百战不殆"。如果你是做英语教育内容的,你的客户人群就是学生,4年前你想吸引学生,肯定要把微信公众号做好;两年前你想吸引他们,可能需要重点运营抖音账号;现在你想吸引他们,可能要去哔哩哔哩下功夫了。随着客户的情况发生变化,我们使用的平台也一直在变化。

个人和企业选择短视频营销的平台时,不仅要考虑自己的优势,还要考虑平台用户的特点,比如抖音平台的定位是新潮、酷炫,这非常符合年轻人的性格特点和价值观。现在是"竖屏时代",竖屏的特点是更适合个人进行自我展示。现在的年轻人都很乐于彰显自我、表达自我,那个人和企业想要通过抖音进行短视频营销时,一定要了解抖音的用户都有什么特点,自己的目标客户是否使用抖音。

抖音用户都是一群什么样的人?

我们看图6.4,它是抖音用户人群画像。从性别看,抖音用户的男女比例相近,区别不大;从年龄看,40岁及以下用户占81%,用户的整体年龄偏年轻化;从城市分布看,三、四线城市用户比例最高,接近50%,一线、新一线、二线城市用户共占比39%。

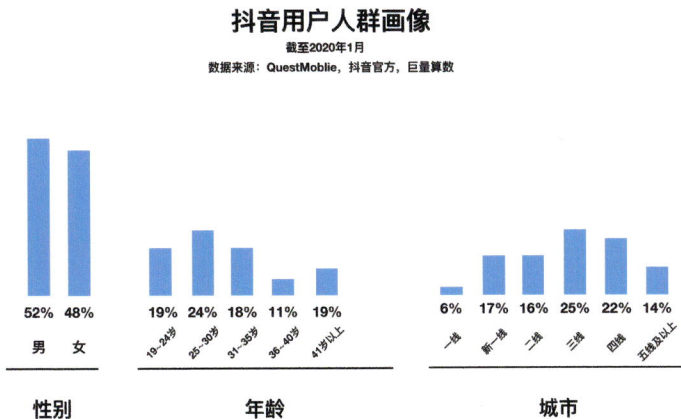

抖音用户人群画像

截至2020年1月

数据来源：QuestMoblie，抖音官方，巨量算数

性别：52% 男　48% 女

年龄：19% 19-24岁　24% 25-30岁　18% 31-35岁　11% 36-40岁　19% 41岁以上

城市：6% 一线　17% 新一线　16% 二线　25% 三线　22% 四线　14% 五线及以上

▲ 图6.4

抖音用户都喜欢什么样的内容？

短视频的内容是最重要的。因为内容的好坏直接决定了账号的发展。所以在内容的选择上，我们也需要提前了解用户的喜好。

图6.5所示为截至2019年下半年，抖音用户偏好的视频内容。在抖音上，内容标签对于运营视频很重要，因为你的内容、文案都会被打上标签，从而被推荐到喜欢或者经常观看这类内容的用户首页，实现精准推荐。

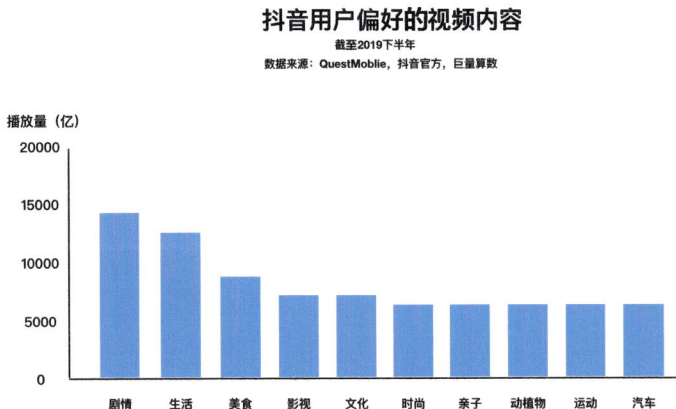

抖音用户偏好的视频内容

截至2019下半年

数据来源：QuestMoblie，抖音官方，巨量算数

播放量（亿）

剧情　生活　美食　影视　文化　时尚　亲子　动植物　运动　汽车

▲ 图6.5

159

图6.6所示是一个用户在3个维度的数据。对于一个用户，我们可以用多个维度的数据进行描述。

自然属性

性别
年龄
所在地
……

社会属性

职业
身份
学历
社交习惯
……

兴趣属性

生活习惯
兴趣爱好

▲ 图 6.6 ……

我们一般可以从3个维度来精准绘制用户画像，这3个维度分别是自然属性、社会属性、兴趣属性。

自然属性：用户的基本状况，用户是男性还是女性。是老年人、中年人还是青少年，一般生活在大城市、小城市还是乡镇、农村。

社会属性：用户在社会上的身份背景，比如用户是学生还是职场人士，在什么行业工作，工作岗位是什么，学历水平如何，喜欢什么样的社交方式等。

兴趣属性：用户平时的生活习惯、兴趣爱好，比如用户喜欢自己做饭、喜欢旅行、喜欢摄影，假期喜欢看剧、玩游戏，等等。

大概了解了这些内容之后，你可以有针对性地选择一类人群，根据他们的特点去制作视频，这样会更加精准，视频被观看的概率也会更大。

例如，如果我是一个爱做饭的人，我希望通过短视频分享做饭的技巧。我在拍摄视频前会想好我拍的视频是给谁看的，我希望先影响哪一类人。

我会从以下3个维度来分析我的视频的受众。

自然属性：生活在一、二线城市，年龄在30岁以下的女白领。

社会属性：她们工作很忙，很少在家做饭，但是又追求较高的生活品质。

兴趣属性：平时喜欢做饭，但因时间紧，不会有太多的时间做饭。

现在针对这一人群制作相应的视频，定位为用最短的时间、最健康的食材搭配、最简单的方式制作营养早餐。这样的内容就很容易获得上述人群的关注。此外，美食制作类视频拥有一个很大的市场，虽然在这个市场中，竞争对手多，创作者很难打造出个人品牌，但是现在做得比较成功的账号往往是针对某个领域中的细分市场，这样更容易获得关注，粉丝黏性也会更强。而且创作者越早进入细分市场，更容易占领市场、打造头部账号，也容易和同领域的其他账号区分开来，形成独特的个人品牌。

为什么你的
账号没人关注？

经常会有人问我：为什么我辛辛苦苦拍的视频，发出去没人看，没人关注？我做了一段时间，就没有继续下去的动力了，感觉我所做的都是徒劳。其实很多人都会犯一个错误，就是从自己的角度出发来考虑问题，并没有做到换位思考，从用户的角度思考用户需要什么，用户为什么要关注你。

运营一个自媒体账号，最重要的获取粉丝关注，那么账号就要有价值，即你的视频要给用户一个关注你的理由。短视频平台用户获取的信息基本都来自首页的系统推荐，当用户看到一个视频的时候，可能对你的账号不了解，也不知道你这个账号。所以，用户对你的了解完全是通过这个视频获得的，这就是他的关注点。短视频平台中的粉丝关系属于弱关系，用户与你的账号的关系就像广场上两个擦肩而过的路人之间的关系。所以在弱关系的环境里，你需要给用户一个明确的关注你的账号的理由。

从用户的角度来说，什么样的内容会吸引他？一定是对他来说有价值的内容。什么是价值？比如一个用户很喜欢做饭，平时也会研究一下健康饮食的搭配技巧。如果他看到一个短视频是教科学搭配营养餐的，那这个视频对他来说就有价值，因为视频内容能够满足他的需求。

我的账号是讲手机摄影技巧的，对于摄影爱好者来说，学习我所讲的技巧，用手机拍出更好看的照片，能让他们在分享自己拍摄的照片时获得更多的点赞量或者关注量，这就是我的账号对他们的价值。所以在制作视频的时候，你需要寻找一个跟用户相关的价值点，这是你的账号最直观的获取用户关注的条件之一。

获取关注的价值点都包括什么?

图6.7所示为获取关注的价值点的4个方面,下面分别进行讲解。

开心的瞬间　　　　　　　审美的享受

获取关注的价值点

获得新知　　　　　　　新潮刺激的体验

▲ 图 6.7

1. 开心的瞬间。用户观看短视频的第一诉求是娱乐、放松,所以在短视频平台上最受欢迎的内容中,娱乐搞笑类的视频占比最大。如果你的视频内容能让用户感到开心,这就是你的账号最直观的价值之一。而且,如果你的视频内容并不是在生活中随手拍摄的,而是精心设计的剧情或者包袱,可能会吸引用户想去了解你的账号中更多类似的内容。

2. 审美的享受。人们对于美的需求永远都是存在的。在短视频中,高"颜值"通常会得到较多的关注。大多数人认为"高颜值"就是视频中的人物长得好看,但这种想法太过于狭隘。其实只要能为用户带来美的享受的事物,都会获得较多的关注,比如美食、美景、萌娃、萌宠。只要你的内容能让用户赏心悦目,有美的享受,就容易获取用户的关注。

3. 获得新知。用户对短视频平台的主要需求是娱乐,但是随着短视频平台上的内容越来越丰富、越来越多样,而且用户把大量时间花费在了短视频上,时间长了,用户的需求就会发生变化。用户的需求不再是短暂的娱乐体验,也希望自己投入的时间能获得更多的回报，让自己有所成长，所以知识技能类短视频在短视频平台上也很受用户的欢迎。用户在看短视频的同时能够学习到新的知识，而且能够将其应用到自己的生活、工作、学习中，这会让短视频更有价值。而且知识技能类短视频具有较强的连续性，如果用户想继续了解学习相关的知识，就会选择关注这个账号。

4. 新潮刺激的体验。抖音上有一句话叫"足不出户，可以游遍世界"。短视频内容涵盖的领域较多，很多用户能够通过视频体验自己不敢去做或者自己无法去做的事情，比如一些极限运动，跳伞、蹦极等，或者体验一些新鲜事物。短视频的曝光量大，传播速度快，可以打开用户的眼界，让用户不至于落伍。因为信息的不对称，当代人都会有一种焦虑感，而新媒体使这种因信息不对称导致的差距越来越小，这也是账号的一种价值。

对单个视频来说，视频内容的价值点可能并不足以获取用户的关注，因为在信息爆炸的时代，用户注意力集中的时间很短，仅仅通过一个短视频是无法快速打动一个用户的。对创作者来说，能够持续地产出同类型有价值的内容，可以让用户在你这里获得长期价值，这是你获取用户关注最重要的一种方式。

如果你的账号中有大量的有同类型价值的视频，用户看到账号中的视频，就会对账号产生更多的信任感，以及产生在这里可以持续获取某种价值的感受。我的抖音账号"卷毛佟"里有300多个关于手机摄影的视频教程，而且我把视频分类整理，让用户可以连续学习新知识，为用户提供了一个关注我的理由。在短视频平台中，吸引用户固然重要，但是留住用户更为重要。前文讲过短视频平台用户黏性低，用户关注、取消关注的成本都很低，为了能够获得用户长久的关注，仅靠内容是不行的，用户也会有审美疲劳的时候。

在自媒体时代，"人设"是获取用户长久关注的重要因素，因为仅靠内容吸引用户，总会有其他创意更好的内容出现，用户的注意力也会被吸引走，所以只有让用户喜欢上你的账号的"人设"，你的账号才能获得长久的关注。

人设是一个有特点的、鲜活的人物形象。比如现在在脑子里想一下抖音上让你印象深刻的一个账号，这个账号能被你记住，一定拥有鲜明独特的性格或者明显的标签。有"人设"的账号可以更容易让用户记住、更容易识别。

设计"人设"

"人设",或者说个人品牌,可以从多个维度进行设计,如图6.8所示。

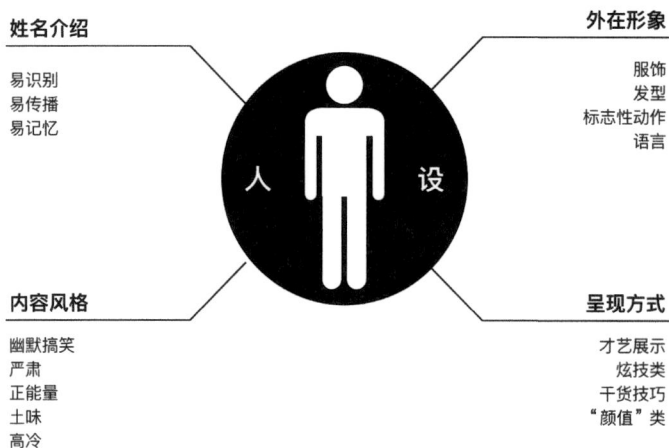

姓名介绍

易识别
易传播
易记忆

外在形象

服饰
发型
标志性动作
语言

人 设

内容风格

幽默搞笑
严肃
正能量
土味
高冷

呈现方式

才艺展示
炫技类
干货技巧
"颜值"类

▲ 图 6.8

首先是姓名介绍。当你向别人介绍自己的时候,最先说的就是自己的姓名。一个名字能否被别人记住,需要具备几个关键因素,分别是易识别、易传播、易记忆。

回想QQ时代,很多用户喜欢用各种无法辨识的"火星文"当作自己的名字,本以为可以凸显个性,但是谁能把它读出来,谁又能记住呢?还好在当时没有个人品牌的概念,大家也不需要打造个人品牌。但是10年过去了,现在依然会有人这样起微信名字,即使他不需要做个人品牌,但是如果想在微信通讯录里快速找到这个人,根本做不到。所以起一个好名字非常重要,起码要让别人在看到后能读出来,此外,不要用太难懂的生僻字。生僻字在你自己看来可能富有个性、能彰显自己很有文化,但是这种名字不易于识别和传播。现在是口碑传播的时代,可能你经常会给身边的人推荐你看过的有趣的账号,如果这个账号的名字你念不出来,或者你介绍自己账号的名字的时候别人经常听错,这就不是一个好名字。

其次，是外在形象，也可以理解为账号形象。如果你的视频中没有真人出镜，那么视频的格式、内容和风格最好一致，这样用户看到后才会形成长期记忆。如果视频没有固定的风格，或者风格经常变换，用户就无法形成记忆点。

如果视频中有真人出镜，你就可以在人物形象上做点文章，比如发型、服装、配饰等，毕竟视频信息的传播更多是通过观看完成的，这样可以在用户的脑海中形成视觉记忆，这在营销中被称为"视觉锤"，比如你在所有的视频中都戴帽子，或者戴一个有特点的眼镜，或者穿某个风格的服装。我们以乔布斯为例，一提起乔布斯，你的脑海中一定会闪过一个穿着黑衣服、牛仔裤、运动鞋、带着银框眼镜的人物形象。十年如一日，他始终以同样的形象出现在公众的视野中，这就是个人品牌的一个视觉记忆点。

除了服饰，你也可以设计一个独特的动作或者有地方特色的方言，这些都是打造个人品牌的加分项。

再次，是视频的风格。视频的风格有幽默搞笑、严肃严谨、积极正能量、土味接地气等。你的视频一定要有一个统一的风格，因为在短视频时代，大家被各种信息"轰炸"，用户注意力集中的时间短，记忆力也差，一两个视频没办法给用户留下深刻的记忆，因此你要持续产出某类风格的视频。对你来说，这也是打造内容标签的方法，当用户提到你的视频时，会自动给你贴上某个风格的标签，所以你要寻找自己擅长的风格，并且持续产出同类风格的视频，有积累才便于识别。

最后，是视频内容的呈现方式。虽然都是视频，但是也有不同的呈现方式，比如1分钟以下的短视频，或者1分钟以上的长视频。视频内容的呈现方式也多种多样，比如单人脱口秀、多人剧情、图文配音或者是叙事类的vlog。用什么样的呈现方式，对内看自己擅长什么以及自己的技术水平，包括内容策划、拍摄剪辑等，因为呈现方式不同的视频的制作难度是不同的；对外看用户喜好，比如早期抖音上有很多图文类型的视频，但是现在很少看到了，图文类型的视频虽然制作难度低，但是相对单调、普通，阅读体验较差，所以用户在有更多选择的时候，就不会再看这种视频了。现在最受欢迎的视频倾向于剧情类视频，但是其制作难度也更高。

解析爆款视频，
探索其火爆背后的原因

我做过6年的市场营销工作，因此对数据的关注度比较高。现在是大数据时代，虽然我们可能感知不到，但是当我们运营自媒体时，最应该关心的就是数据，比如阅读量、粉丝数。

那对视频自媒体来说，新人应该关注哪些数据呢？

以抖音为例，无论你的粉丝有多少人，你发出去的内容都会得到一定的推荐，可能推荐给100~200个人，然后平台会根据用户的反馈数据来决定是否继续将其推荐给更多的人。那可能有人说，我发出去的视频只有几个或者几十次播放量是怎么回事呢？其实这里有一个概念。把你的视频推荐给100个人，这里的100人是推荐量，就是这100个人能在他们的抖音推荐页面中刷到你的视频。但是如果刷到你的视频的用户对你的视频不感兴趣，没看你的视频，或者没看完你的视频就退出了，那这就不能计入有效播放量。比如只有10个人完整地看了你的视频，你在后台看到的播放量数据就是10，这就解释了为什么你的视频被推荐给了很多人，但是播放量并不高。

前文提到了，平台会根据用户的反馈数据决定是否继续为视频带来更多的流量。

新手运营短视频应该关注什么？

1. 视频完播率，也就是你的视频被看完的比例。如果你的视频有15秒，有的用户看了两三秒就离开了，这种短时间的播放是不计入有效播放量的；如果你的视频被推荐给了100个人，只有10个人看完了视频，那视频完播率就是10%。在视频完播率很低的情况下，平台会判定用户不喜欢你的视频，你的视频就不会被推荐给更多人，所以你会发现你的视频达到一定的播放量后，视频播放量就不再增加了。所以，视频开始的3秒钟的内容非常重要，要能吸引人、留住人，这样才能让用户把视频看完，以提高视频完播率。

2. 点赞量。点赞量是最直观的数据之一，也是我们经常用来评判一个视频好坏的重要指标。用户看完一个视频，如果喜欢这个视频，她所做的第一个动作就是点赞，因为点赞是这么多年来各种新媒体平台培养的用户习惯，无论是微信、微博还是短视频平台，点赞是最直观的一种用户反馈。如果用户不喜欢你的视频，他的第一反应是离开，继续刷其他的视频，这也是用户的习惯，所以抖音上有很多人会在视频中引导用户点赞。

3. 评论量。对于抖音来说，评论是非常重要的，有一句话叫"评论是抖音的灵魂"。很多人打开一个视频时，会喜欢翻看评论，因为评论有的时候比视频内容更有趣。用户看评论的目的有几个：一是看看其他用户对这个视频的反馈是什么样的；二是看看评论区里的"神评论"，有的时候评论比视频内容更精彩；三是如果视频内容表达得不是特别明确，或者信息不完整，用户通过查看评论可以获得关于视频的一些补充信息。而且在看评论的时候，视频是会一直自动循环播放的，这对提高视频完播率有一定的好处。

4. 转发量。很多人可能不是很关注转发量，但是转发量决定了你的视频的传播路径有多长。如果用户喜欢你的视频，他想分享给别人，那他可以通过抖音私信、微信等方式把你的视频传播出去。除了转发，抖音还有下载、拍同款等多种功能。这些功能被使用得越多，越能证明你的视频内容互动性高。如果用户看完视频没有进行转发、下载或拍同款操作，则说明你的视频内容互动性低。互动性高能提高粉丝的黏性，也能促进内容的传播，吸引更多用户关注和增加视频的曝光率。

5. 粉赞比。粉赞比是粉丝总数和点赞总数的比值。如果一个账号的粉丝总数有100万人，点赞总数也有100万次，就说明他的"吸粉"能力非常强；另外一个账号的粉丝总数有100万人，点赞总数有1000万次，说明每10个点赞的人中只有一个粉丝，这个账号的粉赞比就比前一个账号低。

粉赞比高说明你的账号的粉丝关注转化率非常高，证明你的内容非常好，而且你的账号的定位非常清晰，别人知道关注你能获得什么价值。如果粉赞比非常低，说明你的某个视频可能特别火，触动了粉丝的某个情绪点，所以很多人点赞，但是你的账号定位不够清晰或者你的其他内容并不是都很吸引人，有些人就只点赞，不关注。还有另外一种情况就是你的粉丝黏性特别强，这些人每天都来给你的视频点赞，所以你的点赞量特别高，但是这种情况较少，这意味着账号的定位、性格标签特别鲜明，粉丝每天都等着账号更新。

以上数据创作者可以通过抖音官方网站和抖音App后台进行查询。

1. 网站查询，登录抖音官方网站查询。

2. 手机查询，登录抖音，在抖音App后台点击"创作者服务中心"进行查询。

爆款视频案例解析

要想运营好短视频，创作者就需要学会收集数据、观察数据，并且知道如何分析数据。接下来我通过3个案例向大家分享一下不同数据的特点。

如何用手机拍3D照片

图6.9所示的这个视频是我运营抖音账号不到一个月的时候出现的爆款视频，也是我的账号中的第一个爆款视频。这个视频的播放量为1800多万次，点赞量为86.8万次，评论数为2803条，"涨粉" 8万人。

这个视频的点赞量很高，转发量也很高，但是涨粉相对较少。我们从内容角度分析可知，这个视频很短，内容简单实用，为用户讲解如何在一个普通场景用一个小道具拍出效果出众的独特照片，这种拍摄思路打破了我们日常拍摄的常规思维，形成了内容的反差。从用户的角度分析，手机摄影技巧的操作门槛低，对于所有手机摄影爱好者来说，可以快速学习和应用，所以很多人愿意把视频分享给身边的人或者下载并保存视频，而且很多人看完了视频后会跟着视频进行实操，然后很多人会把自己拍摄的照片、视频发到抖音上并让我去点评。这样就能增加我和用户之间的互动，增强用户黏性。

因为内容有创意，大家觉得眼前一亮，所以点赞量就很高，这是用户认可某一内容最直观的一种反映；又因为内容简单实用，便于传播分享，所以转发量也很高。但是因为我刚开始运营抖音，所以账号里的视频积累得不多，一共才20多个，而且视频内容缺乏明确的定位，对用户来说缺少关注的引导和理由，所以只 "涨粉" 了8万人，相比播放量和点赞量来说是比较低的。

▶ 图6.9

图6.10所示的视频的发布时间是抖音盛行的2018年。这个视频的播放量为2400万次，点赞量为44.4万次，评论数为7681条，我的账号在12小时内"涨粉"80万人。

在这个视频的数据中，相对比较高的是评论数和涨粉数。从内容角度分析，吃饭拍照这个内容非常场景化，场景化的内容更容易获得用户的关注，因为这样的场景大家都会遇到，大家非常熟悉，很容易产生代入感。但视频中的拍摄方法打破了常规的拍摄思维，给用带来了不同的拍摄视角。从用户角度分析，视频中存在"吐槽点"，也正是因为这个"吐槽点"，用户开始加入"评论大军"。用户吐槽的是拍摄角度的问题，这种拍摄角度让串串签有一种要穿过屏幕的感觉，所以很多用户评论的内容就是"你是第一个想隔着屏幕戳瞎我眼睛的人"，然后就引起了很多人的跟风模仿。由此可见，评论区的"火热"带动了视频整体数据的增长。评论如果很精彩或者很搞笑，也可以使视频获得很多的点赞量。

▶ 图 6.10

如何给妈妈拍照

母亲节的时候，我发布了一个如何给妈妈拍照的视频，该视频的点赞量为107万次，评论数为4700条，我的账号在12个小时内"涨粉"120万人，如图6.11所示。

这个视频发布的时间是母亲节前两天，刚好赶上了节日热点。做自媒体最重要的就是抓热点，因为热点自带流量和曝光量，也更容易触动用户的情绪。我看到的点赞量很高的视频，都会让用户产生一些情绪反应，比如开心、愤怒、悲伤等。从内容角度分析，这个视频依然有很实用的摄影技巧，比如如何利用身边的一片树叶拍出别具一格的人像照片，用户会觉得很有创意和新意。从用户角度分析，他们在视频中获得了价值，并且结合热点事件，启发了他们对妈妈的思念，所以视频获得了较多的点赞量。

这个视频的点赞量很高，"涨粉"量也很多。分析我的这3个视频，大家可以发现，第一个视频的点赞量很高，但"涨粉"效果不好，后面两个视频的点赞量既高，"涨粉"效果又很好。这是因为，在第一个视频里我并没有说任何的话，而在后两个视频的结尾我都说了一句"如果你喜欢手机摄影，欢迎关注我"。正是这句话让我大量"涨粉"，因为它有明确的指引作用。

短视频的时间都很短，用户并没有太多的思考时间，其默认的行为就是点赞和离开。如果在这个时间段里，你给用户一个清晰的指令，多数人会不假思索地跟随你的指令操作，所以有效的引导对账号运营是有很大帮助的。比如"如果你喜欢，快快分享给×××吧。""对于这个事情，你有什么看法，欢迎评论。"

▶ 图6.11

171

短视频
变现的思考

短视频真的很赚钱吗?

短视频的火爆推动了一些相关行业的快速发展,也让普通人有了展示的舞台,很多人一夜爆红,成了年入百万、千万的"网红"。同时,5G网络的发展、移动互联网时代工作性质的变化,让更多人想进入短视频领域,大部分人觉得做短视频赚钱快、赚钱多。但现实往往不是大家看到的样子,只有在某个领域做得好的头部账号,才能真正赚到钱,大部分账号是没有变现能力的,或者说能快速变现,但是不能持久变现。

对于变现,最简单的理解就是用你的价值换取别人的金钱,这在任何领域都是适用的。如果你希望通过短视频来变现,那么你要看看你的视频内容对用户来说是否有价值,你这个人是否能得到用户的喜欢和追捧。

短视频变现的5种形式

在短视频领域,常见的变现形式有5种,分别是广告、带货、直播、培训、到店,如图6.12所示。

1. 广告。广告是最常见的一种短视频变现方式,就是通过短视频宣传推广产品。商家会寻找短视频达人洽谈合作,根据其账号的粉丝数、播放量等数据,与短视频达人商定广告价格。短视频达人可以参考同级别账号所接广告的报价。比如抖音的头部账号、拥有千万粉丝的账号,一个视频广告的

▲ 图 6.12

报价能达到几十万元；百万粉丝的账号，一个视频广告的报价可以达到几万元。账号首先要有粉丝、有流量，这样才能接到广告，这也是商家投放广告时的一个重要参考标准。商家除了付费投放广告，还会与短视频达人进行资源置换，即商家不支付广告费，而是用产品进行置换，商家会将需要做推广的产品赠送给短视频达人，短视频达人收到产品后便可制作发布相关视频。短视频达人也可以通过一些第三方平台去寻找广告合作，比如新榜。

2. 带货。短视频带货是这两年非常火的变现形式，短视频平台及短视频达人都在带货。这是一种不太要求粉丝量的变现方式，因为短视频平台的推荐机制是内容推荐机制，与粉丝量的多少并没有直接的关系。如果内容好，即使账号没有多少粉丝，视频依然有成为爆款的机会，那么在视频中的购物链接就可以获得更多的曝光，从而实现成交。创作者在抖音上发布10个视频就可以开通购物车功能，这降低了短视频带货的门槛。不过如果创作者想提高销售转化率，随便发布视频是不行的。视频内容需要与产品有关联性，如果没有关联性，平台会下架产品，视频内容如果过分夸大产品的特点，虚假宣传，也会受到产品下架的处理。所以带货视频要把握好视频内容与产品的关联性，也要控制好宣传力度。

3. 直播。2020年最火的无疑就是直播了。直播这个事情本身并不新鲜，但是直播的话题一直不断，平台也在大力推广直播，给予了直播很多资源的支持。主播可以通过粉丝的打赏获得高额收入，现在也可以通过直播的方式带货，获得佣金。但是直播不同于拍摄短视频，很多人在开通直播后，不知道要干什么，也不知道要讲什么。毕竟大部分人缺少当众讲话的能力，所以直播并不适合所有人。如果你有才艺，如唱歌跳舞、讲段子、讲故事，确实可以吸引一些人的眼球，或者通过直播讲课做一些分享，让粉丝学到知识。但是也有个别案例，比如抖音上有一

173

个人曾在直播的过程中睡着了，一晚上的时间收到了几十万元的打赏，这个事情也成了热门话题，但是不排除有炒作的可能。如果要通过直播带货获得更高的收入，我认为有两点很重要。一是产品有价格优势，因为产品如果没有价格优势，粉丝对你又没有忠诚度，那粉丝为什么要在你的直播间里买东西呢？二是个人魅力，如果你的粉丝基础良好，忠诚度高，大家认可你，那你推荐的产品也会得到更多的关注。比如我是手机摄影师，经常会有人来问我买什么手机比较好，我直播的时候推荐大家购买手机摄影相关的产品，就会得到大家的认可，毕竟我在这个领域有一定的影响力。

4. 培训。线上教育转线下，线下教育转线上，教育的形式无非就是线上和线下两种。很多个人或者机构会把短视频平台作为"引流"平台，通过持续发布相关内容，获得目标人群的关注，然后通过短视频将他们"引流"到其他平台或者线下，以开展各种学习培训。这也是我个人常用的一种方式，我通过短视频分享手机摄影、手机拍视频的技巧，然后吸引感兴趣的粉丝关注，如果粉丝想系统学习手机摄影，可以来参加我的线上或者线下课程。毕竟短视频的知识是碎片化的，而系统培训能够让人得到更快的提升，获得更有针对性的辅导。同时很多个人或者机构在短视频平台获得了一定的成果后，开始通过课程的方式教授短视频运营知识，教"小白"或者短视频从业者如何更好地运营短视频，如何在短视频平台获得更多的目标客户。

5. 到店。线上线下相互"引流"能够形成一个完整的影响闭环，到店这一变现形式适用于有实体店铺或者景区等的账号。比如餐饮行业，可以通过与美食相关的短视频提高曝光度，在视频的下方添加定位，让用户知道视频拍摄地点，从而吸引目标用户到店。景区也可以使用同样的方法，发布景区短视频，定位景区，也可以通过添加话题、开展活动、发放优惠券等方式吸引游客。虽然现在经常有人"唱衰"线下，觉得线上可以满足用户的一切需求，但是线上线下一直是相辅相成、互相支持的。比如我在短视频上看到了一个介绍汽车的视频，定位某4S店，我被"种草"后，特别想买这款汽车，但是汽车不是快消品，我无法冲动消费，所以我一定会先去线下店体验。或者我要去一个城市旅游，了解到当地有一个"网红"餐厅，我也会去该餐厅就餐。在某些方面，线上只是获取信息的一个渠道。线下实体店也可以鼓励到店的客户分享带有定位的短视频，借助客户做口碑传播。我曾经看到一个景区做活动，只要在景区发布相关的视频，就可以减免30元的门票钱。

变现的方式还有很多，但是对于我们来说，常见的而且相对成熟的方式就是以上几种，至于具体哪种适合自己，自己要去尝试体验才知道。我们应先评估自己的优劣势再决定用什么方式变现，找到适合自己的变现方式后，要深耕细作，变现效果才会更好。

短视频平台这么多，到底用哪个

这里要分享一个运营的思维——矩阵思维。

视频类

抖音
微博
微信视频号
火山小视频
西瓜视频
小红书
哔哩哔哩
……

图文类

微信公众号
头条号
微博
百家号
企鹅号
……

卷毛佟

在线课程

小鹅通
微信公众号
千聊
微信社群
……

▲ 图 6.13

矩阵有两种形式。一种是在同一个平台创建大量账号，各个账号之间频繁互动，互相"引流"，这是很早之前就有的形式。但是它更加适合机构使用，因为使用这种形式需要承担大量的运营成本以及有大量的内容产出。另一种是打造多平台矩阵，就是选择多个平台发布个人生产的内容，一个内容可以在多个平台上发布或者以不同的形式发布，从而创造更大的变现价值。

以我的"卷毛佟"账号为例，我是个人自媒体，并不是机构或者公司，所以产出能力有限，在有限的资源下要尽量使资源利用效率最大化。所以，我选择的自媒体平台有抖音、微信视频号、微信公众号、头条号、小红书、微博、哔哩哔哩等。这些平台都可以发布图文、视频等内容。如果要产出一个视频，我可以制作一个1分钟以上的长版本，将其发布在哔哩哔哩、头条号、微信公众号等平台；同时再制作一个1分钟以下的短版本，将其发布在抖音、微信视频号、小红书等平台；还可以把视频的内容通过图文的形式发布在微信公众号中。

虽然现在短视频很火，但是并不是所有人都喜欢短视频，或者大家选择不同形式的内容时的需求也不同。短视频很短，可以了解的信息有限，如果想了解更多的内容，大家可以选择看文章、看长视频，所以矩阵的目的就是可以在多个平台曝光自己制作的内容，以满足不同人的不同需求。

第七章

Chapter Seven 如何写好短视频脚本？

什么是脚本？

脚本这个词我们可能都听说过，但是大多数人可能没有写过，因为他们没有写作的需求。就算很多人想拍视频，但多数也是对工作和生活的一些简单记录，不会有写脚本的需求。

脚本到底是什么？简单地说，脚本就是视频拍摄的依据、思路，以及执行方案。比如脚本应包括一个视频讲了什么内容，需要拍什么样的画面，需要什么样的镜头，需要几个人物，需要什么样的拍摄技巧，要拍摄多长时间，后期剪辑时需要添加什么特效等。

所有参与拍摄的人拿到脚本就知道应该如何执行拍摄任务。所以脚本的作用是提高拍摄效率。很多人的拍摄内容都是随机的，看到什么拍什么，在拍完之后拍摄者往往会发现，有一些想要的镜头没有拍，但是拍了很多没用的镜头，或者在剪辑视频的时候发现想要的效果没有拍出来。

如果你对视频的要求比较高，那么在拍摄视频之前，你的脑海里应有视频的雏形，而不是在拍摄现场临场发挥。那么写脚本就是把这个雏形落实的过程，说明用什么方法能一步一步地实现自己的想法。然后你拿着脚本去执行，把自己的想法拍出来。所以有脚本时，拍摄效率会很高，后期剪辑的效率同样会很高。

短视频需要写脚本吗？

在短视频时代，一个视频的时长可能只有十几秒、几十秒，这样的视频还需要写脚本吗？其实是需要的，比如我在抖音上发布的视频的时长一般在30秒左右，我也会写一个很简单的脚本。因为在脚本中，每个镜头的时长都是按秒来计算的。这种时长在1分钟以内的视频的脚本相对简单，基本上自己能看懂，知道要先拍什么，后拍什么，就可以了。或者，视频很短，这个视频是你策划的，也是由你来拍摄、剪辑，那也不需要把脚本写出来，只要你脑子里有这个概念就可以了。

图7.1所示是某音响的短视频脚本，这个短视频只有十几秒。品牌方要求视频要突出音响能发出大自然的声音这一特点。我的想法是，用一句话引起观众的共鸣："在车水马龙的钢筋水泥城市里，你有多久没听过大自然的声音了？"然后拍摄印象画面，同时播放声音。因为这类声音叫白噪音，能助眠，所以拍摄场景是卧室。再拍摄我调节床头柜上音响的声音，设置定时，最后关灯睡觉。

这就是我对这个视频的构想，非常简单，不会涉及太多拍摄技巧。于是我就写了一个非常简单的脚本，只描述了视频内容。

对于拍摄起来很复杂的视频，就算视频的时间短，拍摄者也要尽量写一个详细的脚本，因为如果纯凭记忆拍摄可能会漏拍一些镜头，就算之后想补拍，可能也会因为音乐、时间、光线、机位等很多种因素造成拍摄素材的不统一。

所以一个视频无论长短，写脚本都是有必要的。

某音响的短视频脚本

在车水马龙的钢筋水泥城市里，
你有多久没听过大自然的声音了？

声音配视频

清晨的鸟叫
夏季的蝉鸣
山间的流水
旷野的清风

视频调节床头柜上音响的声音，设置定时，
关灯睡觉

晚安

▲ 图7.1

脚本的内容

脚本如果只是写给自己看，无论简单还是复杂，只要让自己清楚要拍摄什么即可。如果需要多人配合或者需要让别人按照脚本执行视频的拍摄任务，你就需要写得详细一点。一个完整的脚本一般包含哪些内容呢？如图7.2所示。

镜号	景别	画面	技巧	解说	音乐	音效	角色	道具	时长

▲ 图 7.2

镜号：每个镜头按拍摄顺序编号，如1、2、3、4、5等。

景别：是指这个镜头会用什么景别拍摄，一般分为远景、全景、中景、近景、特景。

画面：在此处应详细写出画面里场景的内容和变化，以及构图方式等。

技巧：包括运镜技巧（推、拉、转、移等）和后期效果（淡出淡入、叠化等）。

解说：写出与镜头内容匹配的文案、旁白。

音乐：与内容符合的背景音乐，可以是整个视频使用一段音乐，也可以分段使用不同的音乐。

音效：用来创造画面的真实感的声音，如现场的脚步声、雨声、动物叫声等。

角色：画面中需要出场的人物。

道具：画面中出现的配合拍摄的道具。

长度：每个镜头的拍摄时间，以秒为单位。

以上内容为一个相对详细的脚本应该包含的内容，但是对于短视频拍摄来说，脚本并不需要这么复杂。

例如，我拍过一个礼盒的开箱视频，我设想用大约20秒的时间记录开箱的过程，运用不同的运镜技巧，使镜头跟随手部动作移动，并配合音乐拍摄有节奏感的卡点风格视频。这里面涉及的镜头非常多，而且每个镜头的拍摄技巧都不同，要达到的效果也不同，所以我就写了图7.3所示的拍摄脚本。这个脚本写得比较详细，包括内容、运镜技巧、备注、时长。但是我也没有把前文讲到的所有内容全部写上去，因此，我们应根据自己的拍摄需要确定脚本应包含的内容。

	内容	运镜技巧	备注	时长
1	抚摸抽出礼盒	拉	镜头跟随手部动作移动	3秒
2	将镜头放在箱子里拍摄礼盒被抽出的画面	固定	超广角	1秒
3	打开礼盒上盖	转	镜头跟拍盒盖被打开的画面	2秒
4	对着人的方向拍摄，撕开礼盒	拉	近距离拍摄撕开礼盒的过程	2秒
5	侧面拍摄，手拍桌子，同时礼盒内的物品从上方掉落，镜头跟随物品下降	降	可以使用慢动作拍	3秒
6	抓住物品后放手，手向后摆动	跟	镜头跟随手部动作移动，后期倒放	1秒
7	固定机位拍摄，打开礼盒，用手在旁边打响指，最后双手交叉挡住镜头	固定	手不要跟盒子重叠，方便后期抠图	5秒
8	双手打开，展示礼盒里的全部物品	固定	提前摆好物品，平铺在桌面上	2秒

▲ 图7.3

从易到难的3种脚本案例

我们在前文中看到了不同难度的脚本案例。针对不同的视频内容，我们可以根据个人需求来撰写脚本。接下来给大家分享一些不同难度的脚本案例。

简易版

图7.4所示是一个很简单的视频脚本，只有3段文字，而前两段文字都是口述的内容。括号中的内容是画面要呈现的效果。比如第一段的效果是"黑色背景，显示文字，朗读文字"，意思是画面背景为纯黑色，然后加入第一段要读的文字，用软件自带的文字朗读功能朗读文字，如图7.5所示。

不会拍视频没关系，我教你如何把图文一键转成视频。（黑色背景，显示文字，文字朗读）

打开自己在知乎发布的文章或者回答，点击"立即生成"，调整文字，调整图片或视频的时长，选择配乐，再选择一个好听的声音，一键生成视频，查看效果。（开启手机录屏功能，录制操作过程）

插入成片视频。(视频内容: 拍风光的三种技巧，想拍出层次感使用三分线构图，想拍出意境要学会留白，想拍出气势要使用超广角。时长10秒）

▲ 图 7.4

▲ 图 7.5

第二段文字描述的是软件的使用过程，采用的方式是手机录屏。所以拍摄的时候，只需要开启手机的录屏功能，操作一遍如何将图文一键生成视频，后期剪辑的时候完成配音即可。效果如图7.6所示。

最后是一段成片展示，要把第二段的操作结果展示出来，脚本中写明了成片效果的要求。成片要提前制作好，后期剪辑的添加到视频中即可。拍摄者还可提前标记时长，方便自己进行准备。效果如图7.7所示。

▲ 图 7.6

▲ 图 7.7

中级版

图7.8所示为我拍摄的推广抖音的王家卫滤镜的视频脚本。这个脚本相较于简易版脚本正规了一些，有清晰的规划，包含镜头、内容、旁白以及效果等内容。比如"效果"中的"屏幕上半部分是电影画面，下半部分是拍摄场景"，简要地描述出了画面应呈现的效果，这样我在拍摄的时候就知道需要横屏拍摄，后期剪辑时需要加入两个对比画面。具体效果如图7.9所示。

镜头	内容	旁边	效果
1	播放《重庆森林》电影片段（10 秒以内）		选择情感强烈的片段，以引起共鸣的（将王菲在电梯里的片段作为备选）
2	人物出境	你想用手机拍出王家卫风格的短视频吗？跟我来	
3	展示拍摄场景，模仿电影镜头的拍摄角度	（根据具体内容确定）	屏幕上半部分是电影画面，下半部分是拍摄场景
4	将视频上传至抖音，添加相关滤镜	（解释操作流程）	手机录屏，展示操作流程
5	效果对比	看成片	用屏幕的上、下两部分分别展示原版和模仿版本

▲ 图 7.8

▲ 图 7.9

　　但是我们在拍摄的时候也并非一定要完全按照脚本拍摄，因为在拍摄或者制作视频的过程中，我们可能会有一些新的想法，或者我们无法实现一些镜头效果，再或者客户临时提出很多其他的要求。所以最终的成片可能会跟脚本中的内容有一些出入，但这些差异都是在可接受范围内的。比如图7.8所示的这个脚本，在最终执行的过程中，镜头2就被删掉了，因为拍摄的场景不合适人物出境；镜头3与镜头4的顺序互换了，但是影响不大。

高级版

某手机广告

产品特点：6400万像素，千元机，性价比高。

功能特点：高像素，照片可以被任意裁剪，且依然能保证较高的清晰度。

传播重点：拍照特性，6400万像素。

脚本思路

1. 通过自身手机摄影师的定位，分享手机拍照教程；

2. 远距离拍摄效果不佳，可以采用6400万像素拍摄后裁剪。

脚本

场景：选择一个有特点的户外场景（拟定北京首钢园，废旧工厂）。

内容：远距离拍摄人物，放大观看表情。

风格：幽默风格。

183

图7.10所示是一个手机广告的视频脚本，与前两个脚本相比，这个脚本的内容更全面，包括镜头、内容、对白、效果、景别、道具、时长等。因为这个视频展示的是剧情演绎类的内容，里面涉及两个人的互动，以及相应的"包袱"，所以需要更详细的脚本来指导拍摄，以实现更高效的拍摄。

我们可以在脚本前面增加一段文字，以确定产品特点、传播重点、场景、风格等，如下所示。这样，我们可以先给视频定一个大的基调，然后通过下面的分镜脚本，把想法细化落实，确定每一个镜头的拍摄要求。

脚本的写作并没有严格的规定，脚本写作的目的是帮助我们提高拍摄效率及拍摄质量，只要这个脚本能达到拍摄需求即可，至于具体写成什么样，因人而定。

镜头	内容	对白	效果	景别	道具	时长
1	在家里拍摄两人对话	卷：老婆，老婆，走，带你拍照片去。 老婆：我去涂个口红。 卷：别涂啦，快走快走。	老婆对着镜子涂口红，卷毛佟拉老婆的胳膊，使口红涂到脸上了。 给一个特写，配搞笑的音效。 老婆转身对着镜头挥拳。	中景	口红	6秒.
2	拍摄拍照的场景	卷：我要用留白构图拍出人小一点、融入场景的那种感觉，你明白吗？ 老婆：不明白。 卷：说多了你也不懂，你快过去吧，走远一点。		远景		8秒
3	手机录屏，构图拍摄	卷：做一个酷酷的表情，保持别动。		远景.		3秒
4	拍摄手机屏幕，手机录屏，观看照片	卷：不行，不行，表情不到位，前面的头发整理一下。		特写	手机	2秒
5	拍摄老婆整理头发的画面			远景		1秒
6	手机录屏，再次拍摄，观看照片	卷：不行，不行，你还是涂上口红吧。		中景		2秒
7	拍摄老婆生气的表情	老婆：你600度近视，这么远你能看清啥，怎么这么多事呢？		中景		3秒
8	拍摄卷毛佟手拿起手机说话的画面	卷：我眼睛看不清，这6400万像素的镜头能看清啊，就差把你脸上的痘痘拍出来了。	给卷毛佟的一个眼睛涂上眼影，表示他被打成了"乌眼青"	中景	手机	4秒
9	拍摄老婆走过来，老婆拿过手机问这是什么手机	老婆：我看看，你又买手机了？家里六七个手机，还买。 卷：工作需要，工作需要，这个便宜，才一千多。 老婆：啥手机这么便宜。 卷：realme x2，不错吧。		近景		8秒
10	拍摄老婆把手机装进兜里转身离开的画面	老婆：嗯，还可以，那我就收下了，我那个旧手机你拿去玩吧。	快镜头	中景		2秒
11	拍摄卷毛佟吃惊的表情		慢动作，黑白效果。 配音：无情	特写		1秒

▲ 图 7.10

184

短视频脚本的写作流程

写脚本就像盖房子一样，我们要先根据自己的设想把房子的地基打好，然后把房子建好，最后再进行细节的修改。

在准备拍摄之前，首先要确定视频的主题。无论是短视频还是长视频，都要有一个主题，就像我们上学的时候写作文要有中心思想一样，拍摄的内容都要围绕着主题展开。如果主题不明确，可能用户看完视频也不知道你想表现的是什么。

然后确定整个视频的风格、类别。对于剧情类视频，我们需要考虑整个视频的剧情，如是否有转折、有包袱、有情绪点、有共鸣；对于知识类视频，我们需要考虑如何能在短时间内更好地分享"干货"，让别人觉得能学到有价值的东西；对于带货类视频，我们要考虑如何展示产品的卖点，让用户看完之后产生想要购买的冲动。

确定主题和风格之后再考虑结构。我们应将视频分为几个部分，确定每个部分的作用。例如，如果我们要拍摄一个视频来分享蛋炒饭的制作技巧，那么我们在视频开头就要说明这个视频分享的是蛋炒饭的制作技巧，然后开始演示制作过程，最后呈现制作结果或者个人感受。这就是结构。

最后是写脚本，即根据视频的主题、风格、结构去设计每个镜头该怎么拍。脚本包括内容、技巧、景别、角色、道具、时长等。

很多人在写脚本时边写边想，并没有一个明确的方向，这样写出来的脚本会比较乱，而且写脚本的效率也很低。我刚开始写脚本的时候也犯过这样的错误，没想清楚就开始写，经常会写不下去；或者写了一部分，但感到不满意，就删掉重新写，如此反复、非常浪费时间。所以在写脚本前，我们要想清楚后再动笔写，在写的过程中微调内容。

我们在网上经常能看到一些电影导演的"分镜脚本"，这些分镜脚本除了包括前文提到的那些内容，还会画出每个画面的大致效果，如图7.12、图7.13所示。这样就更加直观，摄影师根据分镜脚本就能拍出导演想要的效果。

视频脚本撰写流程

| 主题 | 风格 | 结构 | 脚本 |

▲ 图 7.11

张艺谋《英雄》手绘分镜脚本

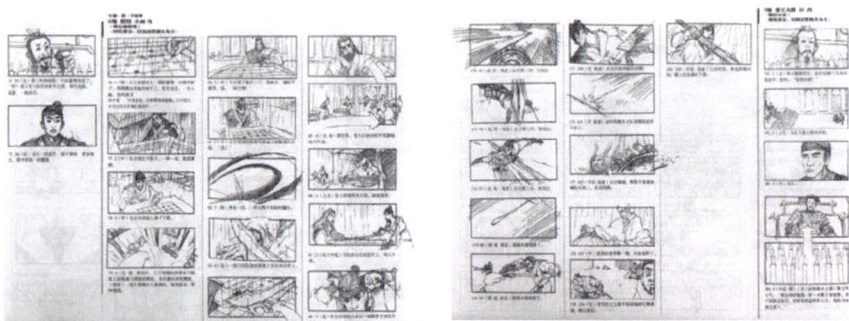

▲ 图 7.12

冯小刚《1942》手绘分镜脚本

▲ 图 7.13

不同类型视频的脚本设计思路

视频有很多种类型，每种视频的脚本写作基本没有太大的差异，都遵循基本的逻辑。一个视频是否受欢迎，主要看内容设计是否有趣、是否有独特的观点、是否有明显的个人风格。接下来给大家分享几种常见视频风格的脚本设计思路。使用这些基本的"公式"，代入自己的情景和内容，大家就能快速写出一个视频脚本。

口播类视频

口播类视频是指一个人对着镜头讲话，讲的内容可以是知识分享、观点见解、搞笑段子、产品测评等，如图7.14所示。这类视频的拍摄非常简单，不需要什么拍摄技巧，基本都是把手机或者相机固定好，人物对着镜头讲解就行了。几乎不会运用到运镜技巧，也不会有景别的变化。此类视频一般采用中景或者近景拍摄，因为被拍摄者主要通过讲话、五官表情、上肢动作传递信息，所以没有必要拍摄全景或者远景，画面的核心是人。

口播类的视频要求尽量讲"干货"，不要铺垫太多、讲太多跟主题无关的内容，因为短视频的时间有限，需要在尽量短的时间里表达出核心内容，否则用户就会逐渐失去耐心。对于这类视频，我们在写脚本的时候，可以遵循"提出问题+解决问题+结果展示"的逻辑。

▲ 图 7.14

我的抖音账号中分享的都是手机摄影教程，基本上都属于口播类视频。所以我在设计内容的时候，就会遵循这个思路。下面一起来看一个案例。

图7.15所示是一个拍雪景的教程。视频的开篇提出问题，即下雪天如何拍照？然后解决问题，分享了3个手机拍摄下雪的技巧，最后进行结果展示，即展示拍出来的照片效果。

如果你是做其他品类的口播类视频，比如穿搭领域的口播类视频，那你可以这样设计脚本。提出问题——夏天去海边怎么穿防晒又好看？解决问题——分享3种穿搭方案。结果展示——展示穿搭效果。若你是资讯类博主，那你可以这样设计脚本提出问题——对于在网络上热议的某件事情，你怎么看？解决问题——说出你的思考、调查数据等。结果展示——总结你的观点。

▲ 图7.15

带货类视频

带货类视频的目的有两个，一是增加产品的曝光量，二是带动产品的销量。那么如何在最短的时间里刺激用户的购买欲望呢？那就是要不断地讲产品亮点，而且最好是独特的亮点，比如性能好、价格低、"颜值"高等。或者让产品融入场景，因为用户看到相似的场景会使视频中的内容跟自己产生联系，这种场景越"接地气"越好，这样才能吸引更多的用户。这类视频的脚本可以按照"代入思路+产品亮点+解决问题"的思路来写。

带货类视频应避免把视频拍成说明书，枯燥地罗列产品的各种性能、参数。如果你的视频传递的信息都是在产品官网和说明书上能找到的信息，就不值得用户花时间去看了。

我们来看一个案例，图7.16所示是一个八爪鱼三脚架的带货视频。视频中我没有直接介绍产品

188

的各种参数、价格等。而是将其融入了一个大部分人都会遇到的场景。具体而言，我是这样设计脚本的。代入场景——自拍的时候，用什么角度？产品亮点——轻便小巧，蓝牙遥控，适用于多重场地。解决问题——解决了我一个人自拍受限的问题。

如果你是宠物类博主，想推广一款猫粮，那你可以这样设计脚本。代入场景——为什么我家的猫总是不爱吃猫粮；产品亮点——产品适合什么年龄的猫，有不同口味等。解决问题——这个产品有试用装，不用担心买回去猫不吃而浪费。

如果你是美妆博主，想推广一款口红，那你可以尝试这样设计脚本。代入场景——同学聚会涂什么口红既能彰显自己的品位，又能很低调？产品亮点——展示这款口红的色号，如何涂效果好，搭配什么样的妆发和衣服效果更好。解决问题——同学聚会的时候既能成为大家关注的对象，又不会太高调。

▲图 7.16

心灵鸡汤类视频

心灵鸡汤类视频无论在什么时代，都是"顶流"，在短视频时代其地位依然如此。无论是伤感的、励志的、心情语录、名人名言还是一些歌词，都能够触动一部分人。这类视频不需要太复杂的脚本，找到合适的文案、合适的音乐，配上一些精美的画面就可以了。

这类视频的重点就是要有"金句"，以便于阅读、便于理解、便于传播。对于用户来说，这类视频没有观看障碍，比较容易理解，容易激发情感共鸣。因此，其一般的创作思路就是"金句+金句+金句"。

还有一种心灵鸡汤类视频是有剧情的，其内容往往是一个普通人的逆袭经历，内容多是宣扬人生道理和拼搏奋斗、不放弃、追求梦想的精神。这种视频对文案的要求很高，既要让用户有代入感，让用户感同身受，又得有一些富有哲理的"金句"。这种视频的脚本写作思路可以按照"故事情景+心路历程+金句"的逻辑来设计。

图7.18所示的视频的主题是"人生的第一笔工资"。该视频的设计思路如下。故事情境——还记得你的第一笔工作是怎么花的吗？心路历程——2009年大学毕业成为一名北漂，第一份工作的薪水是1300元，我喜欢拍照，但是买不起相机，就用信用卡分期付款买了人生的第一台相机，如图7.19所示。金句——坚持走自己选择的路，我能接受失败但是接受不了遗憾，失败难受一阵子，遗憾难受一辈子，如图7.20所示。

制作这类视频的重点就是提前写好文案，根据文案去拍摄相关的视频素材，如果素材是拼凑的，可能会导致观众看视频的时候无法代入。

到清晨才能入睡

▲ 图 7.17

还记得你的第一笔工资是怎么花的吗

▲ 图 7.18

2009年大学毕业成为一名北漂
第一份工作的薪水是1300元
我喜欢拍照，但是买不起相机
就用信用卡分期付款买了人生的第一台相机

◄图 7.19

坚持走自己选择的路
我能接受失败但是接受不了遗憾
失败难受一阵子，遗憾难受一辈子

◄图 7.20

剧情段子类视频

剧情段子类视频是现在很流行的，未来也会很流行的视频形式。因为这类视频有剧情、有演绎，一个视频就是一个小故事，而人们都喜欢看故事，无论故事长短。剧情段子类视频对于脚本的要求是最高的，而且拍摄成本、后期剪辑成本、人力成本都非常高，所以很多个人创作者很难完成剧情段子类视频的拍摄。

对于剧情段子类视频来说，最重要的是故事要有起伏转折，不能太平淡，因为用户的注意力本来就分散，如果没办法一直抓住用户的注意力，用户很难继续看下去。这类视频通常是在视频开头引入主题，最后结束的时候使剧情反转，让用户"猜到了开头，没猜到结尾"。这种剧情的反转，一般都是一个笑点或者泪点，目的依然是引发用户情绪上的反应，这是促使视频被传播的关键因素。因此，这类视频的脚本写作思路为"故事情境代入+剧情反转"。

如果视频比较短，比如在30秒以内，剧情反转可以出现1～2次。如果视频比较长，创作者就需要多设计一些反转或者包袱，这样才能增强视频的节奏感，避免视频过于单调乏味。

191

镜头	内容	对白	效果	景别	道具	时长
1	在家里拍摄两人对话	卷：老婆，老婆，走，带你拍照片去。 老婆：我去涂个口红。 卷：别涂啦，快走快走。	老婆对着镜子涂口红，卷毛佟拉老婆的胳膊，使口红涂到脸上了。 给一个特写，配搞笑的音效。 老婆转身对着镜头挥拳。	中景	口红	6秒
2	拍摄拍照的场景	卷：我要用留白构图拍出人小一点、融入场景的那种感觉，你明白吗？ 老婆：不明白。 卷：说多了你也不懂，你快过去吧，走远一点。		远景		8秒
3	手机录屏，构图拍照	卷：做一个酷酷的表情，保持别动。		远景		3秒
4	拍摄手机屏幕，手机录屏，观看照片	卷：不行，不行，表情不到位，前面的头发整理一下。		特写	手机	2秒
5	拍摄老婆整理头发的画面			远景		1秒
6	手机录屏，再次拍摄，观看照片	卷：不行，不行，你还是涂上口红吧。		中景		2秒
7	拍摄老婆生气的表情	老婆：你600度近视，这么远你能看清楚啥，怎么这么多事呢？		中景		3秒
8	拍摄卷毛佟拿起手机说话的画面	卷：我眼睛看不清，这6400万像素的镜头能看清啊，就差把你脸上的痘痘拍出来了。	给卷毛佟的一个眼睛涂上眼影，表示他被打成了"乌眼青"	中景	手机	4秒
9	拍摄老婆走过来，老婆拿过手机问这是什么手机	老婆：我看看，你又买手机了？家里六七个手机，还买。 卷：工作需要，工作需要，这个便宜，才一千多。 老婆：啥手机这么便宜。 卷：realme x2，不错吧。		近景		8秒
10	拍摄老婆把手机装进兜里转身离开的画面	老婆：嗯，还可以，那我就收下了，我那个旧手机你拿去玩吧。	快镜头	中景		2秒
11	拍摄卷毛佟吃惊的表情		慢动作，黑白效果。 配音：无情	特写		1秒

▲ 图 7.21

前文提到过的某手机广告的视频脚本，如图7.21所示，就是一个简单的剧情段子类视频的脚本。其设计思路可分解如下。故事情景代入——邀请老婆去拍照片。剧情反转——使口红涂到老婆脸上，被老婆打。剧情反转——拍照时对老婆提各种要求，被老婆怼。剧情反转——老婆觉得手机不错，就把手机拿走了。

这个剧情是有节奏感的，就像波浪线一样，起起伏伏。我们可以通过图7.22来理解上述脚本的设计。

要想拍好剧情段子类视频，创作者平时就要多收集跟账号定位相关的素材，也要多看同类型的优质视频，分析他们的故事节奏、每个镜头的拍摄技巧以及反转剧情的设计等。学习优质内容，再去实践，是最好的学习方法之一。

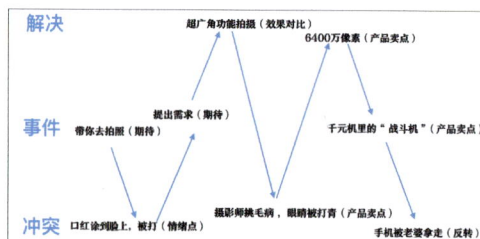

▲ 图 7.22